孩子超喜爱的漫画科学

清宣　编著

石油工业出版社

图书在版编目（CIP）数据

植物王国的秘密/清宣编著.—北京：石油工业
出版社，2023.1
（孩子超喜爱的漫画科学）
ISBN 978-7-5183-5666-9

Ⅰ.①植… Ⅱ.①清… Ⅲ.①植物—青少年读物
Ⅳ.① Q94-49

中国版本图书馆 CIP 数据核字（2022）第 186469 号

出版发行：石油工业出版社
　　　　　（北京市朝阳区安华里二区 1 号楼　　100011）
网　　　址：www. petropub. com
编 辑 部：（010）64523616　 64523609
图书营销中心：（010）64523633
经　　　销：全国新华书店
印　　　刷：三河市嘉科万达彩色印刷有限公司

2023 年 1 月第 1 版　　　 2023 年 1 月第 1 次印刷
710 毫米 ×1000 毫米　　 开本：1/16　　 印张：8.75
字数：110 千字

定价：39.80 元

前 言

我们常说，兴趣是最好的老师，当一个人对某件事充满了兴趣，他就会因为好奇而产生浓厚的求知欲望，从而进步、成长。

自然万物的生长与变化，孩子们最容易看到、听到、闻到、感受到，也最容易对它们产生好奇心。不过，这些现象背后包含了很多复杂的科学知识，有些知识还比较深奥、抽象。如果没有得到及时解答，孩子们很容易因为心中的疑惑慢慢增多，逐步形成科学知识都很深奥、难懂的误解，认为这些内容自己学不懂、学不会，进而对相关知识的学习产生畏难与抵触的心理。

其实，学习科学知识可以非常轻松、有趣，抽象难懂的原理也可以讲得非常具体、简单。为了帮助孩子们建立起学习科学知识的兴趣与信心，我们特意从孩子们的视角出发，编写了这套涵盖了天气、植物、动物、物理、化学五大方面内容的科学书，希望能为他们今后在地理、生物、物理、化学等科目上的学习做一些启蒙，让他们带着更浓厚的兴趣在学海中遨游。

本书是其中的《植物王国的秘密》分册。很多人单看外表，便认为不能动、不会讲话、无法思考的植物世界充满了平和与安静。其实并不是这样，为了更好地生存，植物也会"开动脑筋"，趋利避害。为什么有的植物叶片上长满了尖刺？为什么有的植物没水也干不死？为什么有的植物有"伪装"自己的本事？为什么有的植物居然能抓虫子吃？……这些关于植物的小疑问，书中都会给出详细解答。

引人入胜的故事、幽默风趣的图片，加上通俗易懂的语言，相信孩子们在轻松愉快的阅读过程中，不知不觉就踏入了科学知识的大门。一旦对科学知识充满兴趣，就不会再觉得学习可怕，甚至在学习上还会变得积极主动。

还等什么呢？赶紧打开这本书，让孩子们开始享受奇妙又有趣的科学阅读之旅吧！

目录

植物生存的小·计谋

植物生长的 大智慧

这是一棵什么植物啊，这么特别，把它带回家吧！本想用铁锹把它铲出来，结果"哎呀——"一个不小心，铁锹偏离了原来的方向，将植物的根一斩为二。断了根的植物还能活吗？

根

——深入大地的"脚"

缺啥也不能缺根

说来你一定会十分吃惊，山坡上的枣树一般高三四米，但它的根垂直深度却能达10多米。一株小麦有7万多条须根，长约500米，如果将它的根和根毛加起来，总长度可达2万多米。

植物的根不但多，而且还钻得很深，别看野地里的蒲公英只有10厘米左右高，可是它的根却能钻到深约1米的地下。有些植物，如沙漠里的骆驼刺，尽管身型很小，但是根却能钻入地下15米深。

这又多又长的根到底有什么用呢？

根可不是等闲之辈，它肩负着两大使命：其一，吸收土壤中的肥料和水分。植物的生长过程中，需要大量的肥料和水分来供给枝叶生长，所以根就拼命地在土壤里搜集水和养料。植物的根系越发达，枝叶就越繁茂；反之，则枝叶枯黄，发育不良。其二，植物的根还起到固定、支撑植物的作用。自然界时时用各种灾害考验着植物，如大风、大雨、洪水等，如果根不牢固，植物轻易地随波逐流，就会被大自然淘汰。

明白了吧，对植物而言，根可谓至关重要。植物要顽强地生长下去，根系就必须很发达。

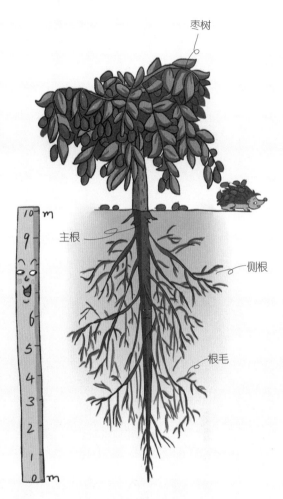

枣树

主根

侧根

根毛

根冠：小小根尖的保护伞

　　假如我们把土壤从上到下切开，眼前就会出现一幅植物的根交叉环绕的画面：那些伸展得很长的就是主根，在它周围又有很多侧根。这些根上还分布着大量稀疏的根毛，根就是借助这些根毛来吸取土壤中的水分和养分的。

　　在根的末端，我们会看到一个很奇怪的小东西，仿佛是被翻过来的帽子一样。这个小东西究竟是什么呢？

　　原来，它叫作根冠，由薄壁细胞组成，一般呈圆锥形，它的作用就是保护分生区。分生区也叫生长点，是具有强烈分生能力的顶端分生组织。多数植物的根生长在土壤中，幼嫩的根尖不断向下生长，很容易遭受伤害，特别是像分生区这样幼嫩的部位。于是，根冠就冲在了前面，和土壤中的沙砾不断地发生摩擦，遭受伤害，死亡脱落，这样，就对分生区起到了保护作用。有些根冠的外层细胞还能产生黏液，能减少根尖穿越土壤缝隙时的摩擦。

世上没有两条一模一样的根

根不止有一种形态，很多根会让你大吃一惊！

有的根会因自身的需要膨大变粗，看起来不像根了，甚至会被人们误认为果实。我们把这样的根叫作块根，如菜市场中常见的红薯。

金灯藤（日本菟丝子）之类的寄生植物比较特殊，它们会长出细长的茎将寄主缠住，然后从身上长出吸器伸入寄主体内，源源不断地吸取寄主的水和养分供自己生长。这些长出来的吸器就是寄生根。

高粱和玉米等植物，为了抵御暴风雨的袭击，一部分根会露出地面，这样就可以牢牢地抓紧土地，我们把这样的根称为支柱根。

此外，还有很多植物像爬山虎那样，把自己的卷须紧紧地吸附在墙壁上，它们叫附着根。

不管植物的根怎样千变万化，对植物来说都是至关重要的器官，不能缺少。

茎

——植物体内的 运输隧道

导管,将根吸收的水分输送到叶片

筛管,将叶片制造的养料运到其他器官

导管就是高速公路哦!

站不起来,只好爬在你身上了!

美丽的牵牛花

害羞中

叶子,制造养分

天还没完全放亮,篱笆上已经绽满了一朵朵美丽的牵牛花,娇艳欲滴的花朵在绿叶的映衬下分外好看。你一定十分好奇,是谁把牵牛花挂到篱笆上的呢?别看我哦,这可不是我的功劳,是牵牛花细细软软的缠绕茎自己爬上来的。你可千万别小看这小小的茎,它可承担着光荣而艰巨的任务呢,不但负责将根吸收的水分运送到植物的各个器官,而且还要将叶子制造的养料运送到根部。

千姿百态的茎

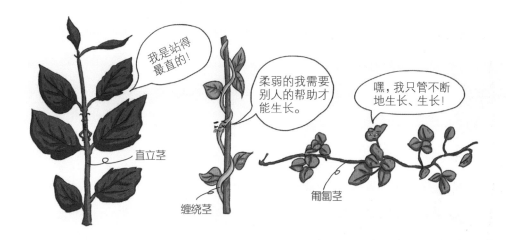

我是站得最直的！

柔弱的我需要别人的帮助才能生长。

嘿，我只管不断地生长、生长！

直立茎

缠绕茎

匍匐茎

爬啊爬

植物的茎各种各样。大多数植物，如杨树、向日葵、棉花等，茎都是直立的，我们称之为直立茎；有的植物，比如牵牛花，它的茎细长柔软，站不起来，必须倚靠其他物体才能向上生长，这样的茎叫作缠绕茎；还有一些植物，如草莓，它的茎是匍匐在地面上生长的，这叫匍匐茎。

尽管植物的茎看起来各不相同，但都是由两部分组成的：外部是比较松软的"皮"，叫韧皮部；内部是比较坚硬的"心"，叫作木质部。这些用肉眼都可以看到。

韧皮部有什么作用呢？你可能会说，保护植物啊，和我们的皮肤一样。恭喜你，答对了一半。除此之外，韧皮部还有运输功能，韧皮部里面排列着一条条管道——筛管。筛管是植物的运输大动脉，叶片通过光合作用制造的养料，就是通过它运送到

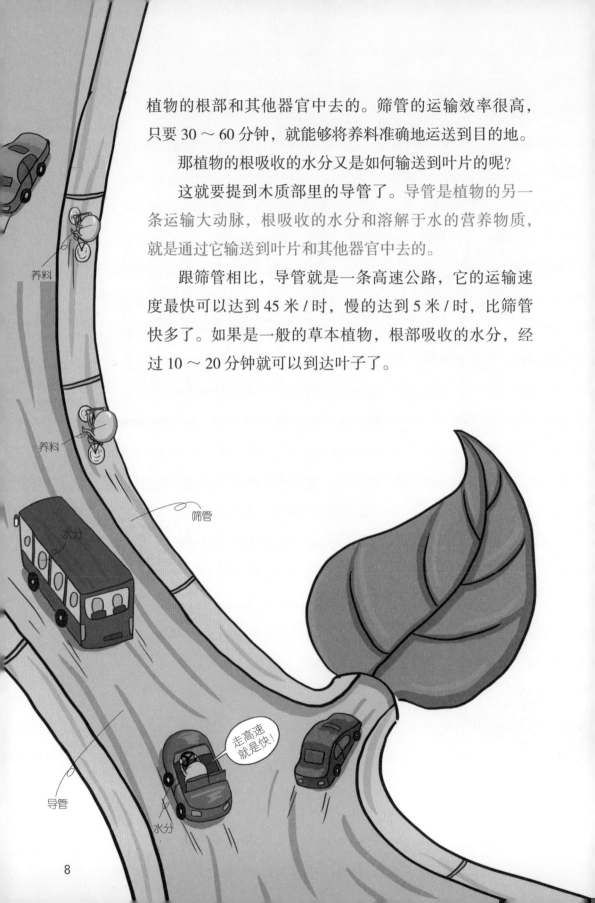

植物的根部和其他器官中去的。筛管的运输效率很高，只要 30 ～ 60 分钟，就能够将养料准确地运送到目的地。

那植物的根吸收的水分又是如何输送到叶片的呢？

这就要提到木质部里的导管了。导管是植物的另一条运输大动脉，根吸收的水分和溶解于水的营养物质，就是通过它输送到叶片和其他器官中去的。

跟筛管相比，导管就是一条高速公路，它的运输速度最快可以达到 45 米 / 时，慢的达到 5 米 / 时，比筛管快多了。如果是一般的草本植物，根部吸收的水分，经过 10 ～ 20 分钟就可以到达叶子了。

养料

养料

筛管

水分

导管

水分

肉乎乎的变态茎

先来回答一个问题：土豆是植物的什么部位？

嗯，红薯是植物的根，那土豆一定也是根喽……哈哈，答错了！土豆虽然和红薯很像，都生长在地下，但它却是植物的茎！像土豆这样，由于环境变迁而引起的功能、形态和结构都发生变化的茎，被人们称为变态茎。变态茎有很多种。竹子、莲（莲的茎就是常见的莲藕）、芦苇的茎，像根一样横卧在地下，上面有明显的节和节间，这叫作根状茎；土豆的茎呈块状，贮藏着丰富的营养，叫作块茎；洋葱、大蒜、百合，这些我们熟悉的食物也属于植物的茎，叫作鳞茎——这种茎呈肥厚的鳞片状；荸荠、芋头也是植物的茎，上面有顶芽，很好分辨，叫作球茎。

年轮一圈，代表一年

人们根据植物茎内的木质是否发达，将茎分为草质茎和木质茎。草质茎内木质部分占的成分很少，茎干比较脆弱。具有草质茎的植物叫草本植物，它们通常只能活一两年。

了解了草质茎，木质茎也就很容易理解了。木质茎的大部分是由木质部构成的，很坚硬，具有木质茎的植物就被称为木本植物。木本植物一般长得比较高大，寿命可达几十年甚至上千年，像我们通常见到的杨树、柳树、梧桐等都是木本植物。

树木被砍伐后，我们可以在树墩上看到有许多同心圆环，这些圆环在植物学上被称为年轮。我们要想知道一棵树的年龄，去数数上面的年轮就知道了。

年轮是怎么形成的呢？原来在树木茎干的韧皮部里，有一圈形成层。形成层里细胞的分裂活动随着季节的变化而变化，有时快有时慢。春夏时节，由于气候和温度都很适宜树木生长，形成层的细胞就非常活跃，分裂很快，生长迅速，形成的木质部细胞大、壁薄、纤维少、输送水分的导管多，看起来颜色较浅；到了秋冬时节，形成层细胞的活动逐渐减弱了，因而形成的木质部细胞就变得狭窄、壁厚、纤维较多、导管较少，看起来颜色较深。不同时节的深浅结合起来就形成了年轮。

其实，年轮告诉我们的不仅仅是树龄。如果你仔细观察的话就会发现，有的年轮很宽，有的年轮则很窄，这是为什么呢？原来，年轮的宽窄同气温、气压、降水量有一定的关系。年轮宽表示那年光照充足，风调雨顺；若年轮较窄，则表示那年温度低、雨量少，气候恶劣。

叶

——自给自足的养料加工厂

你也许会认为叶子看上去普普通通，没什么特别，那你就大错特错了。叶子可是出了名的"绿色工厂"，它不仅为植物提供了生长所必需的养料，而且还为人类服务了无数年。没有"这座工厂"，人类就没法生存，这可不是危言耸听哦！

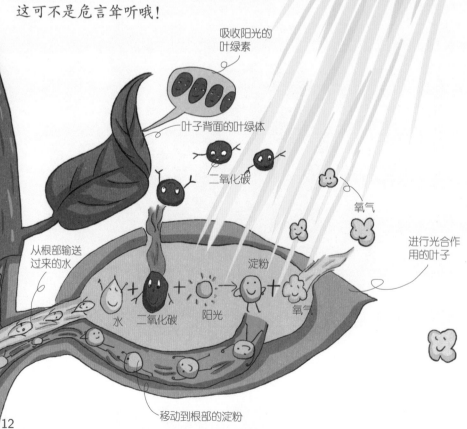

吸收阳光的叶绿素

叶子背面的叶绿体

二氧化碳

氧气

进行光合作用的叶子

从根部输送过来的水

水 + 二氧化碳 + 阳光 → 淀粉 + 氧气

淀粉

移动到根部的淀粉

叶子为啥大都是绿色的

留心身旁各种各样的植物，你一定会有一个惊人的发现，虽然每种植物的花朵颜色各不相同，树干的颜色也不尽相同，但是几乎所有植物的叶子都是绿色的。这是为什么呢？

原来，在叶子中有一种名叫叶绿素的绿色色素，这种色素储存在一个名叫叶绿体的器官当中，是植物生长发育不可或缺的元素。

单从外表来看，叶子毫不起眼，但实际上，其内里却大有乾坤，可以这么说，叶子内部是一个结构完备的营养物质加工场所，它们能够制造出植物生长所需要的营养。

每平方毫米100
多个气孔

保卫细胞

气孔

二氧化碳

看我的
香肠嘴。

13

在叶子的表皮上面，有无数的小孔，这些小孔能够吸收二氧化碳，人们称之为"气孔"。大多数植物的气孔长在叶子的背面，但是浮在水面上的植物，气孔则长在叶子的正面。还有一些植物，如菖蒲等，它们的叶子是直立的，在叶子的正面和背面都有气孔。你可能不知道，叶子上的气孔多得吓人，每平方毫米就有 100 个以上。就拿我们生活中最常见的白菜来说吧，一片白菜叶子上面有 1000 多万个气孔。这是一个多么庞大的数字啊！有了这么多的气孔，植物就可以大量地吸进二氧化碳，不愁"吃"不饱了。

光合作用：小叶子里的大魔法

叶子加工营养的过程，有一个学名叫作光合作用。所谓光合作用，指的是植物在阳光的照射下，利用空气和水，制造出淀粉和氧气的过程。究竟叶子是如何进行光合作用的呢？

首先，阳光是必不可少的。阳光是光合作用的能量来源，叶子会将阳光作为一种能量储存起来。

当然啦，要想完成光合作用，仅仅有阳光是不够的，还需要水和二氧化碳。水是通过植物的根，经由茎输送到叶子中的，而二氧化碳则是叶子通过气孔从空气当中吸收进来的。

有了阳光、水和二氧化碳，叶子这个奇妙的绿色工厂就开始制造养料了。在这一过程中，叶绿素起到了关键的作用，它能够将阳光、二氧化碳和水混合、消化，再制造出有机物和氧气。光合作用可以用一个简单的公式来表示：

$$二氧化碳 + 水 \xrightarrow[叶绿体]{阳光} 有机物 + 氧气$$

　　事实上，照射在叶子表面的太阳光并不会被完全吸收利用，大约有 70% 的阳光能够被叶子吸收，而其中大部分转变为热能散失了，真正被利用来进行光合作用的，一般只有 1% ～ 5%，最多达到 10%。

秋天到，彩叶飘

在植物的叶子当中含有各种色素，其中最主要的是绿色的叶绿素和黄色的类胡萝卜素。在一般情况下，叶绿素的含量是类胡萝卜素含量的三倍。由于叶绿素的含量远远高于类胡萝卜素，所以树叶就会呈现出绿色。

但是到了秋天，情况就不一样了。秋天来临，气候会发生一系列的变化，气温降低，空气当中的水分也减少了，叶子当中的叶绿素会被分解掉。但是类胡萝卜素并不会受到气候的影响，因此秋季时叶子就会呈现出黄色。

春夏时节的枫树

叶绿素

嘿嘿，我的含量是你的三倍哦！

类胡萝卜素

除此之外，秋天气温的降低，还有利于花青素的形成，这种物质是红色的，所以有些树木的叶子，一到秋天就会变得一片火红。著名的北京香山红叶，就是这样形成的。

叶绿素

哈哈，我可不受任何影响哦！

类胡萝卜素

秋天的枫树

春天来了，黄色的迎春花、鲜红的山茶花、粉红的桃花、雪白的梨花竞相绽放，把大自然打扮得万紫千红。那些姹紫嫣红、美丽娇艳的花儿有各种各样的形状：有的像喇叭，有的像小蝴蝶，有的像小吊钟，有的像兔子耳朵……光彩夺目的鲜花，不仅看上去赏心悦目，而且还散发出阵阵香味。不过话说回来，植物为什么会开花呢？

花
——植物的繁衍离不开它

一朵花里有什么

当我们看到一朵鲜花的时候，最容易注意到的就是它的花瓣，其实一朵花是由很多部分组成的，花瓣只是其中之一。在花瓣的中央，我们会看到很多小花蕊，花蕊分为雄蕊和雌蕊，它们的长相可不太一样，怎样进行区分呢？一般来说，雌蕊的顶端是柱头，是用来接受花粉的。雄蕊是由花药和花丝组成的，可以生成很多很多的花粉。只有在雄蕊的花粉接触到雌蕊的柱头之后才能够结出果实或种子来。在花瓣的下部，有一圈叶状的绿色小

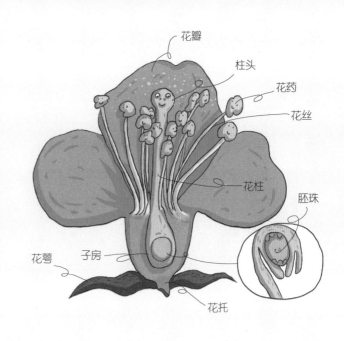

片，这就是花萼了，花萼是由叶子变化而来的。花朵尚未开放的时候，花萼起着保护花蕾的作用。

有一个成语叫"亭亭玉立"，是用来形容花儿站立的美好姿态。那么，花儿为什么可以在枝头亭亭玉立呢？这便是花萼的功劳。花萼可以将花瓣聚拢在一起，然后轻轻托住它们，这样花儿就可以稳稳地站在枝头上了。

19

天生不完整的"不完全花"

植物为什么要开花呢？难道是为了讨人欢心吗？当然不是啦。花是植物的生殖器官，植物开花是一种自然规律，盛开的花朵经过授粉之后，会结出种子，从而繁衍后代。

一般来说，大约80%能够产生种子的植物具有雌蕊和雄蕊。以我们常见的玫瑰来说，只要将花药上的花粉传到柱头上面，就能够结出种子了。

这听起来似乎很简单，事实上，并不是所有的花都是这副模样的。有很多花跟玫瑰相似，如牵牛花、向日葵、菊花、桃花等，它们都有雌蕊、雄蕊、花萼、花瓣这四个部分，我们将这种花称为完全花。缺少其中一至三部分的，叫不完全花。千万不要以为不完全花是稀有物种，实际上它在我们的日常生活当中十分常见。有的不完全花是缺少雄蕊或雌蕊的，如南瓜花、黄瓜花；有的不完全花是缺少花萼的，如郁金香……

牵牛花　向日葵　完全花　不完全花　郁金香　南瓜花
桃花　菊花　黄瓜花

有些花居然是"铁血男儿"

人们通常喜欢用花来形容美丽的少女，殊不知这可让很多花愤愤不平。它们抱着肩膀大声疾呼："我可是堂堂男子汉！"

是的，它们没有说谎，花是有男女之分的，有些花的确是铁血男儿！有的花同时具有雄蕊和雌蕊，也就是雌雄一体，被称为双性花。而有的花只有雄蕊或者只有雌蕊，叫作单性花。只有雌蕊是雌花，而只有雄蕊的则是雄花，可不就是个男子汉嘛！

说到这里，你可能会有这样的疑问：单性花是长在同一株植物上，还是分开生长呢？

不同的单性花有不同的特点，有的雌花和雄花长在同一株植物上，叫作雌雄同株。举个例子，黄瓜花有雌花和雄花，这两种花能够开在同一株植物上。有机会你可以到黄瓜架下看一看，花下面会结出小黄瓜的就是雌花，而有的花下面不会结小黄瓜，那就是雄花。

有的雌花和雄花则分开长在不同的植株上，叫作雌雄异株。了解了雌雄同株，我们就很容易理解雌雄异株了，银杏树就是雌雄异株的代表。银杏树的雌花和雄花分别长在不同的树上，只开雌花的是雌树，只开雄花的是雄树。因此，银杏树要想结出果实，雌树和雄树就必须生长在一起。如果我们看到很多银杏树长在一起，但就是不结果，那很有可能它们要么都是雄树，要么都是雌树。

即便知道了花也有男女之分，也不能夸哪位男同学长得像朵雄花哦！

果

——酸酸甜甜里的大秘密

苹果园里，技术员对果农说："大叔，您种的这苹果可是'假果'，您知道吗？"

"你胡说，这苹果哪儿假了？要不多叫些人来，你看看有人能把这苹果说成是梨吗？"果农急赤白脸地分辩。

一说到假果，人们的反应还真是够强烈的。不过，这到底是怎么回事呢？技术员看样子不像在瞎说，但造假造到果树枝头，这技术也太神了吧！

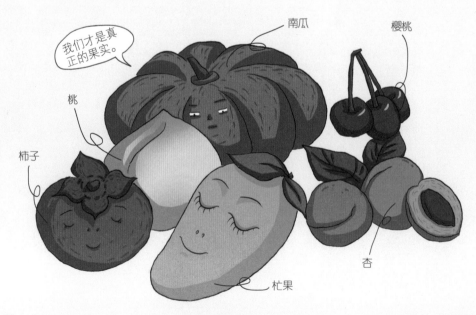

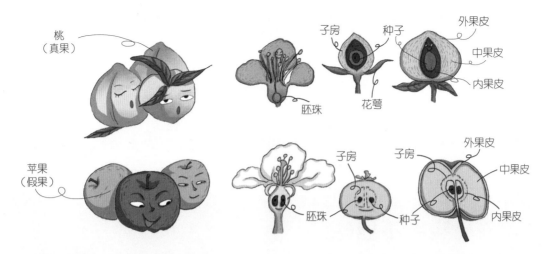

桃
（真果）

外果皮
中果皮
内果皮

子房　种子

胚珠　花萼

苹果
（假果）

外果皮
中果皮
内果皮

子房　子房

胚珠　种子

真果实与假果实

　　说到植物的果实我们并不陌生，像苹果、桃、李子、西瓜等水果，核桃、板栗、腰果等干果，都是果实。但是如果有一天你在买水果的时候，有人在身边提醒你，说你买的水果里有的是假果，你会作何感想呢？是假冒伪劣的吗？它们不能吃吗？

　　当然不是啦！所谓果实的真与假，实际是植物分类学上的一种说法。要说清楚果实真假的事，咱们还必须先说说植物的花。我们在前面已经讲过，一朵花一般是由花萼、花瓣、雌蕊、雄蕊、花托、花梗等部分组成，而雌蕊是由子房、花柱、柱头组成。子房就像是种子的房屋一样，外面的是子房壁，里面的是胚珠。

　　通常，植物的果实（这里说的"果实"其实是指植物果实中的食用部分哟）都是由植物雌蕊的子房在开花授粉后发育而来的，但是果实的发育过程中，不同植物的花的各部分形态会发生很大变化。雌蕊受精后，花萼、花冠、雄蕊以及雌蕊的柱头和花柱大多会逐渐萎谢或凋落，花托则会相对萎缩，最后就只剩下子房。子房渐渐地会发育成果实，而胚珠则会发育成植物传宗接代的种子。一种植物如果完全遵循上述的繁殖规律，由子房发育成果实，那么这种果实就是真果，如柿子、桃、杏、樱桃、杧果、枣等。

但是也有一些植物的果实不是由子房而是由花托等发育而成的。尽管它们并不是真正的果实，但是也会伪装成果实的样子，自然就是假果了。如苹果和草莓是由花托发育而来的，而石榴则是由雌花的花萼发育而来的，它们就是假果。

假果实能不能吃

要知道一种果实是真是假，其实方法很简单，就是一看二剖。

一看，就是要观察它的外形。拿苹果来说，如果我们把连接着果柄的一端叫作后端，另一端叫作前端的话，桃、李子、柿子这些真果的果实前端基本上都是光滑的。可是，苹果、梨等假果的果实前端却多了一点儿东西，它们是由花萼发育而来的。真果结果后花萼和果柄长在了一起，假果的花萼却和果柄分了家，长到最前面来了。

二剖，就是把它们解剖开来（听起来似乎有点残忍）。把苹果剖开后，你会发现里面有一条明显的分界线，叫作果心线，这实际是子

苹果　果柄　花萼　假果　果心线　前端光滑　桃　真果

房壁与花托的分界线。果核部分是由子房发育而来的，而果肉是由花托发育形成的，它的子房在开花时就被包在花托里面，这样在花谢了以后，花托就包着子房一起发育成了果实。

假果在生活中是十分常见的，除了苹果、梨、山楂等水果外，黄瓜、西瓜、甜瓜、南瓜、冬瓜等大多数瓜类也是假果。

保护种子——果实的首要任务

我们都知道，熟透了的柿子香甜可口，十分好吃，但未熟的柿子则是苦涩异常。这是为什么呢？事实上，这是柿子发出的"警告"！

尚未成熟的种子无法完成繁衍生息的使命，为了保护种子不受伤害，柿子的果实便开拓出了第"三十七"计——"苦又涩"，来避免被食用。

未熟的柿子味道又苦又涩的秘密在于它的果实中包含了一种叫作单宁酸的物质。当你咬下未熟的柿子的时候，黏附在舌头上发出苦味的异物正是单宁酸。当水和单宁酸相遇的时候，"苦涩攻击"就开始了。

未成熟时，溶于水
成熟时，不溶于水

保护种子的单宁酸

未熟的柿子

呸呸呸——好涩啊！

不过，即便柿子熟透了，单宁酸也不会消失，但是它的特性却悄悄地发生了转变——从之前的可溶于水转化为不溶于水。这时，我们就能吃到美味多汁的柿子了。

　　煮毛豆可是我的最爱哦！一个个摘豆荚太费事了，直接整棵拔起带回去让妈妈给煮！咦，怎么回事，大豆的根好特别啊，怎么长了一个个小瘤子？小瘤子里面是什么东西？它们有什么用呢？

共生

——互帮互助，相亲相爱

根瘤菌

根瘤

1000个
根瘤菌

芝麻

大豆

根瘤

豆科植物的根部自带"氮肥厂"

众所周知，植物在生长的时候，要通过叶子进行光合作用，以便合成养料，在这一过程中，需要利用氮等营养元素。但是，植物不能自己制造氮化合物，要通过根部从土壤中吸收。我们所说的土地肥沃，其实就是指含有丰富氮、磷、钾等元素的土地。农田开垦时间长了，土壤里面这些元素的含量就会减少，因而，农作物的产量也就会随之下降。

豆科植物跟其他植物不一样，尽管它们也不能自己制造氮化合物，但是仍旧可以在贫瘠的土地上长得很好。这是为什么呢？原来它们有帮手。在豆科植物的根部，生长着一种细菌，它们可以帮助豆科植物制造氮化合物。

假如将大豆植株整体从土壤里面拔出来，你会发现在它们的根部有许多像小瘤子一样的东西，我们将其叫作根瘤。你若用手指将根瘤挤破，就会有腥臭的红水流出。这些红水当中有许多非常小的细菌，这些细菌可以将空气中的氮气转换成植物生长所需要的氮化合物。由于这种细菌生长在植物的根瘤里面，所以名叫"根瘤菌"。根瘤菌非常小，如果将 1000 个根瘤菌依次排成队，也不过只有一粒芝麻大小。大豆根上长的这些根瘤，就是特殊的"地下氮肥厂"。

土壤是根瘤菌的老家，当土壤中还未"住"进大豆的幼苗时，它们只能依靠地里的枯枝败叶过着"穷困潦倒"的生活。一旦土壤中种上了大豆，并且长出了幼苗，根瘤菌就会立即放弃旧居搬进新房——大豆的根部。双方相遇，都有一种相见恨晚的感觉。从此之后，两者便长期形影不离，和睦相处了。

互帮互助的典范——豆科植物与根瘤菌

　　每个根瘤都是一个小小的氮肥厂。根瘤菌能够捕捉空气中的分子态氮，并把它们固定为氮和氮化合物，为植物的生长发育提供大量的氮肥。

　　当然了，根瘤菌并不会无偿地将氮化合物提供给豆科植物，它们也要收取一定的费用哦——豆科植物需要分一点儿水和碳水化合物等营养成分给根瘤菌，以便它们能够生存下去。根瘤菌无法自己制造养分，不能独立生存，但是豆科植物却向它们敞开了自己的怀抱，允许它们在自己的根部安营扎寨，并给它们提供所需的养分。豆科植物会将通过光合作用产生的淀粉和葡萄糖传送到根部，然后根瘤菌就可以享用了。

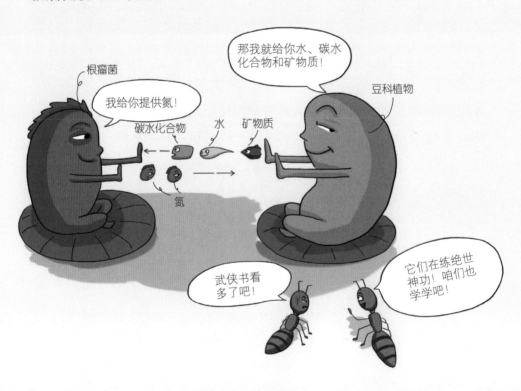

豆科植物为根瘤菌提供了珍贵的住所和食物，而作为报答，根瘤菌为豆科植物提供氮化合物，它们真可谓是相亲相爱的一家人呀。

把豆科植物种上月球

阿姆斯特朗登上月球之后，给人们带来了月球土壤调查报告，报告显示，月球上的土壤中缺乏植物生长所需要的重要元素——磷和氮。一直以来，科学家们绞尽脑汁，希望能够解决这一问题。后来，他们从豆科植物和根瘤菌共生的关系中得到了启发——可以在月球上种植豆科植物，如此一来便能解决氮元素缺乏的问题了。

当然了，到目前为止，这还仅仅是人类大胆的想象，要想成功地在月球上种植植物，还有一段艰难的道路要走，如果你对此有兴趣，那么就请加油吧。也许在不久的将来，你将会成为攻克这一难题的科学界新星哦。

寄生

——损人利己，自私自利

走在田野里，你可能会看到有些植物上缠绕着一些黄色的细丝，这些细丝就是植物界臭名昭著的菟丝子。它是有名的寄生植物，植物一旦被它缠上，便岌岌可危了，轻则被它偷走养分，造成营养不良，重则有可能会危及生命。菟丝子看起来弱不禁风的，有那么恐怖吗？答案是肯定的。

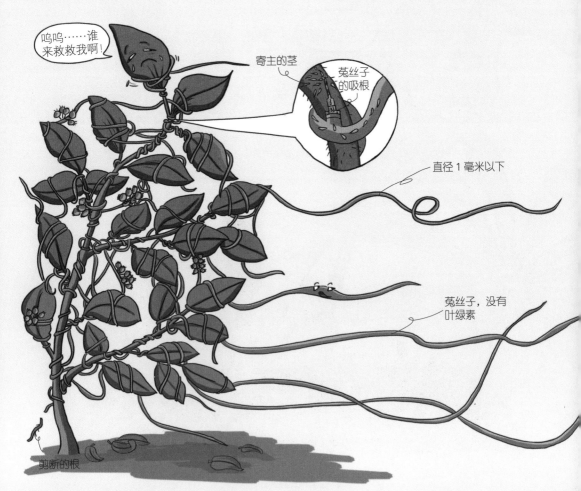

不会光合作用的菟丝子

我们都知道，绝大多数植物都具有根、茎、叶三部分，地下的根能够从土壤中吸收水分和营养物质，地上的叶子能够利用光合作用，把水和二氧化碳合成为有机物，在植物体内储存起来，为其开花、结果提供养分。

菟丝子别名叫无根草，是植物界中的"另类"。

尽管菟丝子有根，但是它们的根仅仅是在种子萌发初期短暂的一段时间里存在，种子里面的养分消耗完或者菟丝子的藤茎缠绕到周边的物体上，找到了可以寄生的寄主之后，根就会死去。

菟丝子有茎，能开花，也会结果实，但却没有叶子，全身上下也没有叶绿素，因此它们无法自己进行光合作用，只能寄生到别的植物上，靠偷取别人的养料维持生计。

恶狠狠的"植物吸血鬼"

如果仅仅是偷取别人的养料，那也就算了，还不至于让人对它深恶痛绝。最令人发指的是，菟丝子会紧紧地缠绕在植物上，吸光所依附植物的汁液，最后导致被依附植物枯死，因此被人们称为"植物吸血鬼"。但它也并非一无是处，在中药领域，它可是一味药材哦！

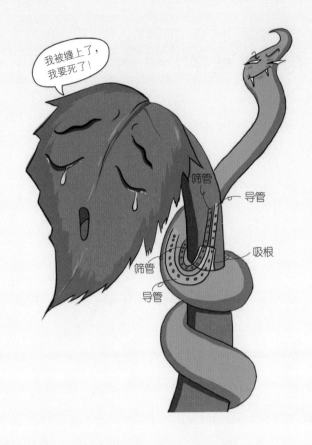

那么菟丝子是如何偷取寄主的营养的呢?

菟丝子的种子萌发时幼芽无色，呈丝状，一端附着在土粒上，另一端则会形成丝状的菟丝，在空中旋转，一碰到寄主就会想方设法地缠绕在上面。一株植物，一旦被菟丝子缠上，那它就惨了。菟丝子会迅速地在接触植物的地方形成吸根，深深地扎进寄主的组织，这时菟丝子的部分细胞组织会分化为导管和筛管，与寄主的导管和筛管相连，这样一来，菟丝子就将自己和寄主连了起来，并通过这些导管和筛管来吸取寄主的养分和水分。此时初生的菟丝会渐渐死亡，而上部的茎则会继续生长，再次形成吸根。就这样，菟丝子的茎不断地分枝并形成吸根，再向四周不断扩大蔓延。

菟丝子的生命力到底有多强

虽然自身无法合成养料，但是菟丝子有着很强的生命力。除了通过种子繁殖，菟丝子还能通过藤茎繁殖。菟丝子会借寄主树冠之间的接触由藤茎缠绕蔓延到邻近的寄主上，另外，将菟丝子从一株植物上扯下来后，如果不小心将其藤茎扔到其他植物上，那么菟丝子就会立即在新的植株上生出吸根，疯狂地生长。

一株菟丝子一个生长季节可以产生非常多的种子，例如非洲菟丝子可以产 10 万粒种子。菟丝子有很强的生命力，在适宜的条件下可以存活 10 多年，所以一旦哪片土地被菟丝子侵入，会造成连续数年的菟丝子危害。

中国菟丝子与日本菟丝子

常见的菟丝子有两种，一种是日本菟丝子，另一种是中国菟丝子。

日本菟丝子的茎肉质，分枝较多，直径 1～2 毫米，像细麻绳，一般呈黄白色至枯黄色或稍带紫红色。中国菟丝子与日本菟丝子类似，但是茎比较细，直径在 1 毫米以下，呈黄色。

中国菟丝子主要寄生在草本植物上，日本菟丝子主要寄生在木本植物上。所以我们在野外可以看到日本菟丝子的缠绕茎一般会攀缘到高大的树干上去，而中国菟丝子一般在草本植物上缠绕。被菟丝子缠绕、寄生的草本植物很快就会干枯死去，而木本植物可能会挣扎个一两年，但是最终也难逃枯死的命运。

半寄生

——一边索取，一边自足

初夏的午后，阳光很充足，森林里各种各样的树木和花草在热火朝天地进行光合作用，正忙得不亦乐乎呢。一棵老树上长着一簇一簇的新鲜叶子，大多在枝头，有的枝团很大，叶子枝茎互相交错地拥抱着，很有生命力的样子，翠绿得惹人怜爱。仔细一瞧，却发现那些翠绿的叶子跟老树的叶子是不一样的——老树的叶子较大，形状是椭圆的，而枝头那些叶子长而尖，显然不是同一种植物。这到底是怎么回事呢？

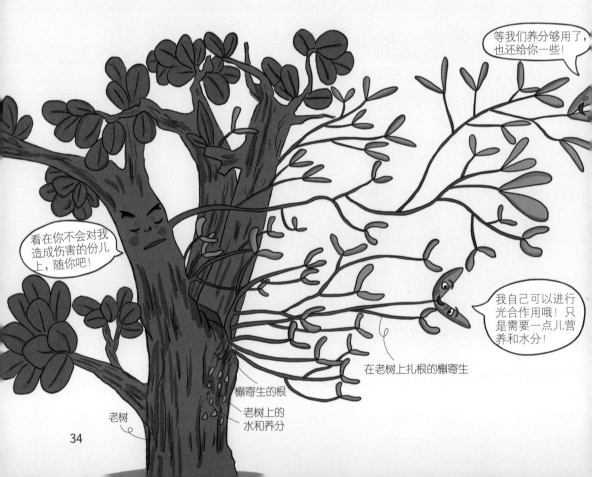

精明的槲寄生

槲寄生是一种桑寄生科小灌木，通常寄生在麻栎树、苹果树、白杨树、松树等树木上。槲寄生的茎和枝都是圆柱状的，茎非常柔韧，叶子是淡绿色的，呈倒披针形。早春时分，槲寄生会在叶间长出小梗，并在上面开出淡黄色的小花来。

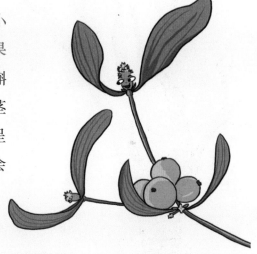

说起来，槲寄生也是一种寄生植物，它也会从被寄生的植物那儿抢夺现成的养料，供自己"食用"。不过，槲寄生跟其他偷食寄主养分、危害对方生命的寄生植物有一点儿不同，那就是它们体内含有叶绿素，可以进行光合作用。

槲寄生虽然寄生，但不贪婪，它们懂得与寄主共生存。人们将这一类依赖于其他植物而生存，但能够进行光合作用的植物称为半寄生植物。

根不沾土的"高楼食客"

你可能会有一个疑问，槲寄生有根吗？答案是肯定的。不过槲寄生的根并不长在土里，而是长在它寄生的植物的表皮里，根部不沾一点儿土，就好像住在树上一样。加上它从寄主身上吸收养料，所以

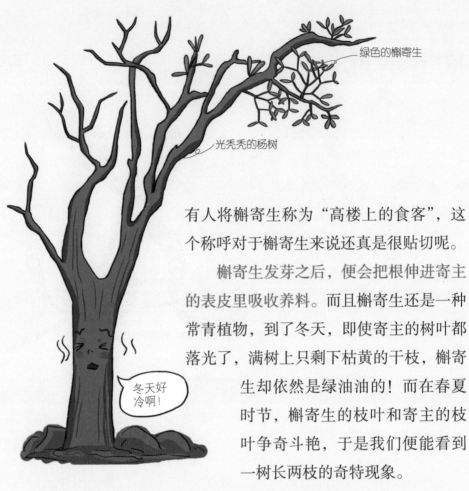

绿色的槲寄生

光秃秃的杨树

冬天好冷啊！

有人将槲寄生称为"高楼上的食客"，这个称呼对于槲寄生来说还真是很贴切呢。

槲寄生发芽之后，便会把根伸进寄主的表皮里吸收养料。而且槲寄生还是一种常青植物，到了冬天，即使寄主的树叶都落光了，满树上只剩下枯黄的干枝，槲寄生却依然是绿油油的！而在春夏时节，槲寄生的枝叶和寄主的枝叶争奇斗艳，于是我们便能看到一树长两枝的奇特现象。

尽管是半寄生植物，但是槲寄生却无法离开寄主，一旦离开了寄主，便会枯萎成金黄色。

槲寄生是怎样上树的

你一定会十分好奇，槲寄生是如何长在别的树木上的呢？它的种子是从哪儿来的呢？是借助风力飞来的，还是蜜蜂和蝴蝶搬来的，或者是勤劳的蚂蚁搬来的？

嘿嘿，全都猜错啦，让我来告诉你吧，槲寄生的种子是鸟儿带来的！

槲寄生是一种很"聪明"的植物，它没长脚，也没有翅膀，却能巧妙地借助小鸟的力量到处繁殖。每年的深秋时节，槲寄生的果实成熟了，黄色或红色的果实缀满枝头，鸟儿纷纷前来啄食。槲寄生的果皮内有一层黏性胶质的物质，黏着力很强，很容易就会粘在鸟嘴上，它们在吃的过程中会在树枝上蹭嘴巴，这样果核就粘在了树枝上；有的果核被它们吞进肚子里，就会随着粪便排出去，粘在树枝上。

翌年，那些粘在枝条上的种子在温度和湿度适宜的条件下就会萌发，生出吸附根侵入寄主皮层，长出茎叶，与寄主融为一体。

蹭掉这些黏乎乎的东西！

你们这不是在害我吗，我可不想被寄生了！

黏液

槲寄生的种子

公园里的丝兰开花了。丝兰花很漂亮，而且散发着诱人的香味，引得蜜蜂和蝴蝶流连忘返。但是蜜蜂和蝴蝶在丝兰面前转了好几圈，费了九牛二虎之力，也没有吸食到美味的花蜜，它们只好悻悻地离开了。原来，丝兰是一种很"专一"的花朵，它只接受特定的"媒人"——丝兰蛾来帮它们传授花粉。

虫媒

——植物的"红娘"

"痴情" 的丝兰花

丝兰花

丝兰蛾

　　丝兰是一种原产于北美洲东南部的多
肉植物。丝兰一共有 40 多种，大多都没有
茎，它们的叶子几乎从根部就直接长出来了，
并呈螺旋状排列。丝兰叶片长 50～80 厘米，
宽 4～7 厘米，顶端有坚硬的尖刺，十分锋利。

　　夏天，丝兰根部的叶丛中会伸出长长的花柄，
然后在上面开出一朵朵白色的小花。丝兰花不仅花朵
娇艳，更是散发奇香，许多喜爱吸食花蜜的昆虫会闻香
而来。但丝兰花的花柱是空的，形成了一个管，柱头稳坐
在管的下部。面对丝兰花这样明确的拒绝，大多昆虫只好
望"管"兴叹，空手而回。

　　别误会，丝兰花可不是不解风情，只不过它是一种很"专一"
的花朵，只等丝兰蛾来牵线搭桥。

　　哎呀，植物竟然也会上演"痴情"的戏码啊，怪不得丝兰的
花朵形状奇特，原来只是为了等待丝兰蛾。

　　看到名字你就知道了，丝兰花和丝兰蛾有着非同寻常的关系。

　　丝兰蛾是唯一能够帮助丝兰传授花粉的昆虫。每当嗅到丝兰
花的香味，丝兰蛾便情不自禁，盘旋到丝兰的雄蕊上收集花粉。当
雄蛾在夜间四处飞行，寻找雌蛾时，就把花粉传到了其他花朵上，
充当起丝兰花的媒人。

　　这也就是我国栽培的丝兰大都"开花不实"的原因。没有丝
兰蛾，丝兰花粉都独守空房，自然也就无法孕育后代了。

借花生子的丝兰蛾

当然，并不是只有丝兰花离不开丝兰蛾，丝兰蛾同样也借助丝兰花来繁育后代。这是怎么回事呢？

原来雌丝兰蛾会从一朵花上采集花粉，将其滚成球形，再飞到另一朵花上。在这里，雌蛾会将自己的产卵器刺入丝兰的子房壁，然

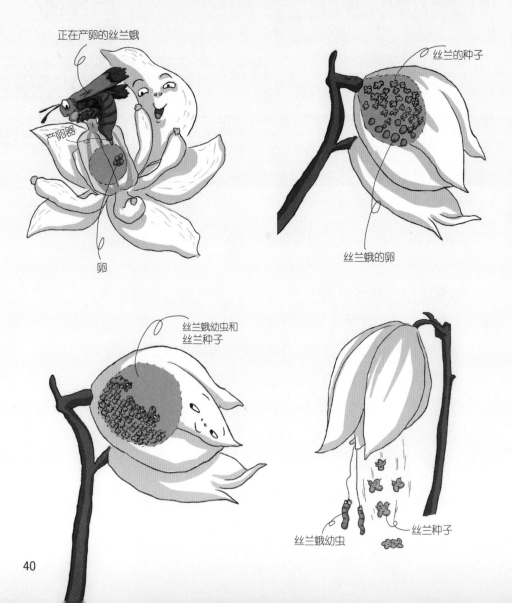

正在产卵的丝兰蛾

产卵器

卵

丝兰的种子

丝兰蛾的卵

丝兰蛾幼虫和丝兰种子

丝兰蛾幼虫

丝兰种子

后将四五个卵产在里面，再将花粉团压入所形成的孔中。

花谢后，丝兰结成约 200 粒种子，而产在丝兰子房内的卵在孵化成丝兰蛾幼虫后，会以丝兰的种子为食。不过你不用担心哦，丝兰的种子很多，即使让丝兰蛾的幼虫吃掉一部分也不会影响其繁衍后代。

当丝兰的种子成熟后，丝兰蛾的幼虫也成熟了，它们会咬穿果壁、吐丝，然后随着丝降到地面作茧，待丝兰明年再开花的时候，丝兰蛾会破茧而出，继续完成传粉的使命，并繁育自己的后代。

"生死与共" 的关系

说起来，丝兰和丝兰蛾可是一对配合十分默契的组合呢，它们相互依存，相互适应。丝兰离开了丝兰蛾就无法结出种子，而丝兰蛾离开丝兰后则无法产卵，更谈不上传宗接代了。

丝兰与丝兰蛾之间的"痴情"的确令人动容，但是它们的关系可以用时下流行的一个词语来形容——纠结。因为一种植物与一种昆虫有着这样紧密的关系，相互参与对方的繁殖，这可能会威胁到双方的生存。如果丝兰蛾灭绝的话，那么丝兰也会随之走向灭亡；同样，丝兰蛾过于依赖丝兰，如果没有丝兰，那么它们也会濒临灭绝。

丝兰与丝兰蛾这种生死与共的情谊，真是让人感到忧心啊！

风媒

——勤劳的自然媒人

雄花

玉米花的花粉

粘在花丝上的花粉

安全着陆!

还好抓住了!

玉米

玉米花丝

玉米株高一般在2.5米左右，一阵微风吹过，叶子沙沙作响。顶端玉米穗上的花粉轻轻地散落了下来，有的落在了地上，有的落在了玉米须上。微风过后，玉米停止了舞蹈，一切又都恢复到了原来的样子，似乎什么都没有发生过。

真的什么都没有发生过吗？当然不是啦，在微风的作用下，一个个小家庭组成了。

奇怪的玉米：
雌雄同株不同花

这是雌蕊哦！

　　玉米是一种雌雄同株但不同花的农作物，它的雌花和雄花分别长在玉米茎不同的位置。雄花长在茎的最顶端，因此人们形象地将其称作"天穗"；雌花则开在玉米茎的中央，被包裹在苞叶中受到严密的保护。因为雄花和雌花开在不同位置，所以有人把这种状态戏称为"夫妻分居"。

　　看到玉米顶着的那缕缕"胡须"了吗？它可不是要酷用的，其真实身份是花丝——玉米用来孕育后代的器官，也是雌花的一部分。一朵花里会有雌蕊和雄蕊，雌蕊接受雄蕊的花粉后，就能结出果实。玉米的花丝就相当于花里的雌蕊，一根"胡子"就是一根雌蕊——这可以说是世界上最特别的胡子了吧！玉米须在玉米的成长过程中，担任着重要的工作，若是没有了它，玉米就无法完成授粉，自然也就结不出玉米粒来了。

　　由于玉米的雌花被厚厚的苞叶包裹着，为了接受花粉，便长出了长长的雌蕊伸出苞叶外，这种雌蕊被称为"丝状柱头"——就是玉米须哦！玉米须的顶端不但有分叉，还有茸毛和黏液，这些都是用来粘住外来花粉的小工具。

数量庞大的雄花

　　由于玉米的花很小，没有艳丽的颜色，也没有诱人的香味，自

玉米花

我的花很小，没有艳丽的颜色，没有诱人的香味，只好请风来做媒了。

然无法引来昆虫给它们传授花粉。但是你也知道，植物都是聪明伶俐的嘛，这点儿困难对于玉米来说不过是小事一桩啦。在长期的进化过程中，玉米已经练就了一身本领。既然请不到蜜蜂、蝴蝶等这些需要"付费"的"媒人"，那就请"风"这个免费的"媒人"来帮忙吧——利用风力将花药上的花粉吹得远远的。

玉米的雄花开在植株的顶端，花药悬垂在花的外面，一阵风吹来就能带走花粉。而柱头也是悬垂在花的外面，在花粉散落的时候就能把它们抓住。这样一来，玉米便完成了授粉。授粉后的每一根玉米须都会发育成一颗玉米粒，细细长长的花丝就变成了我们看到的"胡须"。所以，你知道到菜市场该怎么挑玉米了吧？就挑"胡子"多的，"胡子"越多就代表玉米粒越多。

由于风这个"媒人"不能像昆虫那样能够准确地把花粉送到它想去的地方，因此，像玉米、杨树等靠风力授粉的植物就想了一个万全之策——产生大量的花粉，以量取胜，这样一来，授粉成功的概率就提高了许多。看，"人海战术"在很多时候都是很有效的。因而，风媒花还有一个特点，那就是能够制造花粉的雄花要比雌花多得多。

其实，植物比我们想象得聪明，"物竞天择，适者生存"，这是大自然的规律，为了生存，它们频频使出各种怪异的招数，这也许就是它们存活至今的原因吧。

风媒花的绝招

一般来说风媒花的花被很小，也没有鲜艳的颜色，甚至有的完全退化成无被花，没有蜜腺也没有香味。但是它产生的花粉量很多，花粉粒细小光滑、干燥而轻，便于被风吹到相当高和相当远的地方去。

有些风媒花的柱头会分泌黏液，能粘住飞来的花粉；稻、麦等花的柱头分叉，像两只羽毛，这样可以增加接受花粉的机会。有些花序细软下垂，或花丝细长、花药悬挂花外，随风摆动，这样就有利于花粉从花粉囊里散落出去；有些风媒花的花被退化，有效减少了传粉时的阻碍；还有些落叶的木本植物，有先花后叶的特性，使传粉时不受叶片阻碍……

看看，风媒花的一招一式可不是随随便便的，而是大有玄机啊！

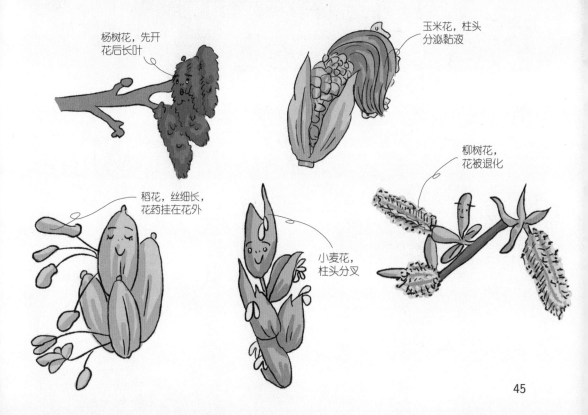

杨树花，先开花后长叶

玉米花，柱头分泌黏液

柳树花，花被退化

稻花，丝细长，花药挂在花外

小麦花，柱头分叉

夏日的夜晚，池塘里各种莲花竞相绽放，最惹眼的要数王莲了，它体型庞大，开出的花自然也比别的莲花大了很多。很快，王莲花的香气就吸引来了众多"馋嘴猫"，一只甲虫也被吸引了过来，落在了王莲的花朵上。它趴在里面，贪婪地大口吮吸着花蜜，完全没有注意到周围正在悄悄地发生变化。

原来，在甲虫享受美食的时候，王莲竟然偷偷地合上了自己的花瓣，把甲虫关在了里面。难道王莲是食虫植物？不好，甲虫，快逃！

另类虫媒

——王莲与被"囚禁"的甲虫

植物中的"大力水手"——王莲

　　王莲是多年生的大型浮叶草本植物，原产于南美洲，是水生有花植物中叶片最大的。王莲的叶子像一个大大的圆盘一样浮在水面上，直径可达2米左右，叶缘部分直立翘起。别看王莲的叶子又大又圆，它们刚长出来的时候可不是这样的，刚长出来的王莲叶子是针状的，慢慢地它们会变成矛状、戟状，最终才会变成圆盘状。另外，王莲的叶子可不像其他的荷花那样光滑哦，它的表面有褶皱，也不完全是绿色的，而是绿色中略带微红，背面是紫红色的。

　　王莲的叶子很大，具有很强的承重力，就算是一个小孩坐在上面也不会沉到水里哦。为什么王莲会成为"大力水手"呢？原来，王莲的叶子里面有许多"气囊"，比起同类，要厚得多。这样一来，王莲的叶片就能平衡地漂浮在水面上，并具有很大的承重力。另外，王莲的叶脉构造十分强大，王莲叶片的背面，从叶柄到叶片的边缘，有许多粗大的叶脉构成的"骨架"，"骨架"之间还有镰刀形的横隔相连，这种叶脉构造就像铁桥的梁架一样坚固。

　　原来，王莲之所以会成为"大力水手"，是因为它有秘密武器啊。

叶子背面叶脉
构成的骨架

体重25千克

把贪吃的甲虫"关起来"

　　来自热带地区的王莲虽然有着"坚强"的外表,但其实很"脆弱"。在王莲的叶片背面,长着许多坚硬的尖刺,这些尖刺是王莲用来防御外敌入侵的,有了"尖刺"的保护,王莲才能避免成为鱼类、乌龟的"盘中餐"。王莲还是一种很霸道的植物,在它们生长的地方,一般都不会有其他植物。这是为什么呢?原来,王莲发芽之后,会迅速地扩张地盘,在水面上展开它那巨大的叶子,一株成熟的王莲会有40～50片巨大的叶子,这么多的叶子几乎会挡住所有的阳光,其他的植物自然也就无法生长了。

　　王莲的花也非常大,直径25～40厘米。王莲是异花授粉的植物,但是由于叶子和花都很大,昆虫都不愿意帮它们授粉,因为就算只在一株王莲的几朵花上采蜜,也能吃得很饱,它们自然不愿意多跑路。这样一来,王莲的授粉就成了问题。

　　虽然昆虫们不肯合作,但这可难不倒聪明的王莲,它们会把那些贪吃的小甲虫关在花瓣里面,于是就出现了开端的一幕。它们这样做,只是为了更好地繁衍下一代。

放甲虫出去授粉

　　王莲采用的是异花传粉方式，它具有雌蕊先成熟的特征，第一朵白色雌性花瓣通常在下午绽开，整朵花在傍晚完全开放。此时，王莲内部发生热化学反应，浓烈的凤梨香味吸引着甲虫前来拜访。花瓣里的花蜜和淀粉质使甲虫忙得团团转，完全忽略了慢慢闭合的花儿。翌日清晨，王莲的花闭合了，甲虫被关在了花瓣里面。

　　到了傍晚时分，王莲的花又重新绽放，神奇地转为粉红色，虽丧失了香气，但雄蕊释放出花粉，沾满了花粉的甲虫被放出来，继续前往另外一朵新开的白色花觅食，从而帮助王莲完成授粉。

　　等到第三天上午，花瓣已经变成了深红色，深红色的花朵会在中午前凋谢并沉入水中。

　　由于王莲每隔一天才有一朵新的花儿开放，而仅有白色芳香的花朵能够吸引甲虫，所以携带着第一株王莲花粉的甲虫只能到另外一株那里采蜜授粉。通过这种巧妙的机制，王莲避免了自花授粉。怎么样，植物够聪明吧。

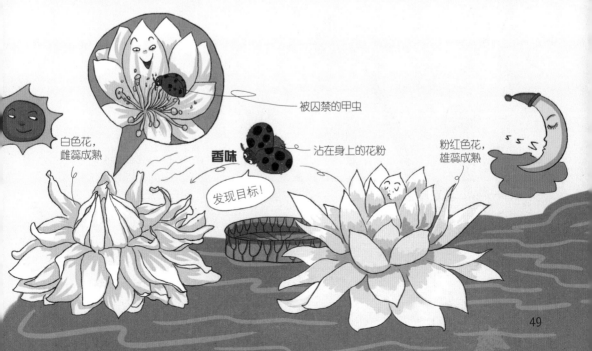

白色花，雌蕊成熟

被囚禁的甲虫

香味

发现目标！

沾在身上的花粉

粉红色花，雄蕊成熟

山坡上，一棵棵小草探出了脑袋，有一株小草长得十分特别，它的叶子是锯齿状的，紧紧地贴在地面上。咦，这棵特别的小草叫什么名字？它的叶子为什么要紧紧地贴在地面上呢？原来，这棵特别的小草名叫蒲公英。可是去年这边山坡上并没有蒲公英生长啊，它是怎么来到这里的呢？

靠风力
——种子们的御风飞行

风一吹，蒲公英起飞了

蒲公英是没有茎的植物，它的叶子直接从根部长出来，贴着地面生长。我们把这种叶子叫作莲座丛。蒲公英的叶子朝四面八方生长着，而且紧贴着地面，这样就能够抵御冬季的寒风，还可以充分地享受阳光。蒲公英就这样平安地度过了冬天。到了四五月份的时候，它会长出很长的花轴，开出黄色的花。

蒲公英的黄色花瓣实际上是一朵朵小花，而且每一朵小花都有雌蕊、雄蕊和花瓣。像蒲公英这样，由许多无柄小花密集地生于花序轴的顶部，并聚成头状的植物叫作头状花序植物。像我们熟悉的菊花、向日葵等都属于头状花序植物。它们身上都携带大量的种子，如果这么多的种子落在同一个地方的话，它们之间的生存大战可会十分激烈。但是，这样的事情永远也不会发生，因为蒲公英的种子成熟之后，就会随着风飞到很远很远的地方。

翻山越岭的蒲公英

蒲公英为什么要让自己的种子"远走他乡"呢？它这么做，完全是为了孩子的未来着想。

倘若种子掉落在父母的周围，一家子的兄弟姐妹就要挨在一起生活。这样，问题也就随之而来。种子要想发芽、生长，需要大量的养分。但是一块土地上的养分和水分有限，这样就会造成兄弟姐妹之间互相争夺养分，导致大家都无法健康生长。即便能够存活下来，也会形成致命的缺陷。

另外，植物生长除了需要养分，还需要阳光。父母的身体比成长中的子女大得多，因此，子女成长所需的阳光会被父母的身体遮盖住，这样对它们的成长不利。

因此，为了子孙后代的未来考虑，蒲公英将自己的子女送往更远的地方。爱孩子就要让孩子独立，由此可见，蒲公英真是模范家长呀！

蒲公英为了让自己的子女能够飞到远方，特意在种子上"装"上了"降落伞"。当蒲公英的花朵凋谢后，子房中的种子就慢慢成熟，蒲公英花的萼片就会变成白色的、可以带着种子飞翔的冠毛。当种子完全成熟后，一阵微风就能够将带着种子的冠毛吹起来。

这样，蒲公英的种子就会飞向远方，寻找属于自己的目的地。

为了乘风之旅，植物们做了哪些努力

在自然界，有不少植物是通过风力来传播种子的。要想种子能够随风传播到世界各地，必须要满足一个条件，那就是种子要足够轻，否则风很难把它们吹起来。

除此之外，为了安全起见，有的"妈妈"还为它们的"孩子"装上各种各样的辅助工具，使它们能够飞得更高更远。比如枫树为它的种子装上了翅膀。枫树的果实当中有两颗种子，而种子的两边都带有翅膀，就好比是直升机的螺旋桨，起风的时候，它们就会像风车一样转着圈圈飘向远处。

还有杨树和柳树，它们也是通过风力来传播种子的。杨树和柳树的果实成熟后，就会开裂，杨絮和柳絮就会四处飞扬，抓一团杨絮或柳絮仔细观察，会发现里面有一些小颗粒，那便是它们的种子了。

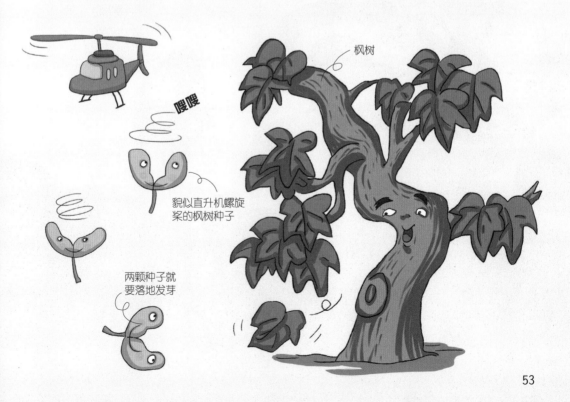

貌似直升机螺旋桨的枫树种子

两颗种子就要落地发芽

枫树

草地上长着一丛草莓，草莓成熟了，鲜红的果实散发着诱人的香气，像是在向人们炫耀。这时，一只小浣熊闻着香气慢悠悠地走了过来，从花圃的栅栏缝隙钻了进去，开始大口地吞食那些娇艳欲滴的草莓。可怜的草莓，你们干吗要这么好吃呢？要是苦一点就不会有被吞食的命运了！

靠动物
——搭乘动物便车

太好吃了，我的肚子要撑爆了！

这些小点点是我的种子！

匍匐茎

草莓

欢迎来吃我！

草莓的种子在哪里

草莓都被动物吃了，那它们可怎么传宗接代呢？

其实，不用替它们担心。引诱动物来吞食，正是草莓繁衍后代的高招之一。

草莓是一种多年生的草本植物，草莓茎不是向上生长的，而是匍匐茎，贴着地面生长。匍匐茎会一边生长一边生根，因此，在地里种下一株草莓，用不了太长的时间周围就都是草莓了。

初夏时，草莓会开出白色的花，通过昆虫完成授粉。当花凋落之后，它就会结出绿色的果实，然后果实慢慢变红。时间越久，果实就越红。成熟后的草莓呈鲜艳的红色，而且散发着诱人的香气，看着就让人直流口水。

看起来草莓似乎不需要种子就能繁殖，果实里也没有种子。实际情况是这样吗？

仔细观察草莓的果实，它身上的小点点是什么啊？

这些小点点就是草莓独特的种子了。草莓是通过吃了自己果实的动物们来播撒种子的。

动物便便：臭烘烘的"便车"

　　被吞食的草莓种子会进入动物的消化器官，不过，请放心，这些种子外面有一层保护壳，它们不会被消化掉，而是会跟随动物的粪便一起被排出来。粪便慢慢地融进土里，只要气候适宜，草莓的种子便会生根发芽。

　　这有两个好处，一是种子离开了生长的地方，离开了妈妈的怀抱，可以到别处生根发芽，开启自己的生活了；二是动物的粪便，为种子提供了至关重要的肥料，帮助它在新的地方安家落户之后还能够茁壮成长。

　　对于植物来说，最可怕的事情不是被吃掉而是在种子完全成熟之前就被吃掉，那样的话种子真的就只能变成粪便了。该怎么办呢？聪明的植物想到了一个办法，那就是在种子成熟之前让果实没有味道，或者是发苦发涩，这样一来，动物便不会吃它们了。啧啧，植物传播种子的智慧真是令人惊讶啊！

动物的便便

在这儿真舒服！

嗨！兄弟，又见面了！

草莓的种子

动物还能怎样搬运种子

植物为了繁衍后代，可谓是绞尽脑汁。单单依靠动物传播，就使出了不同的方法。

一些植物种子"藏身"于动物的消化道等待传播。这类植物的果实首先要具备好吃的味道和诱人的香气，除草莓外，葡萄、香瓜、西瓜、柿子等也赢得了很多动物的青睐。其次，为了避免种子被消化掉，它们还要用坚硬的外壳将种子包起来。

动物体表也是植物用于传播种子的一大工具。有的植物果实长满了小刺，如苍耳，当动物经过时小刺会抓住动物的身体，这样一来，种子便搭上了免费的交通工具，可以到远方旅行了。

动物贮藏粮食的习惯让它们无意中也做了植物种子的搬运工。松鼠过冬的主要粮食是橡实和松子，每年秋天，松鼠会储存大量的食物，把橡实和松子分批藏在好几个地方。但是松鼠的记性不好，它们常常忘了自己的"宝藏"。因此，那些被松鼠"遗忘"的橡实或松子便会在远离母树的地方发芽生长。

不得不提的是，人类也为植物繁衍做出了突出的贡献。随着人类的足迹遍布世界，很多原本地方性的植物如今在世界各地都可以看到踪迹。

初秋的午后，尽管太阳已没有夏日那样耀眼，但是依旧火辣辣的。一只小兔子蜷缩在一簇花丛中休息，旁边的两株凤仙花长势很好，枝头盛开着粉红的花朵，还有许多纺锤形的蒴果。正当小兔子渐渐进入梦乡的时候，突然"嘭"的一声，接着似乎有什么东西掉到了小兔子的身上。声音虽然不是很大，但着实把小兔子吓了一跳，它一个激灵，迅速跑开了。

靠自己
——植物种子弹弹弹

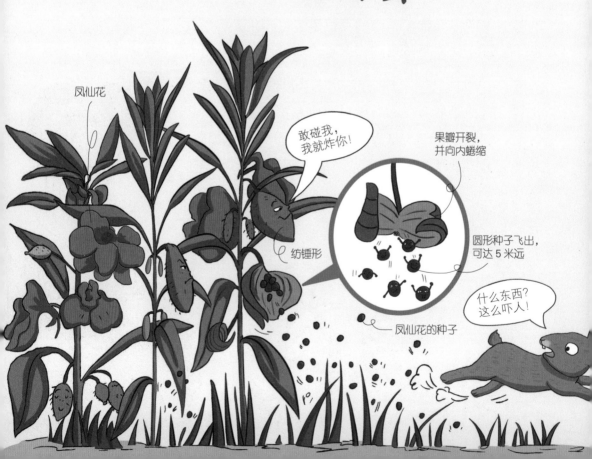

凤仙花：别碰我，我会炸

到底发生了什么事情呢？原来，刚才的声音是凤仙花的蒴果开裂时发出的，而落到小兔子身上的也不过是凤仙花的种子。

凤仙花是生活中常见的一种草本花卉，在我国大部分地区都能见到。凤仙花又名指甲花、急性子等。因为花朵酷似凤凰，所以它还有一个好听的名字——金凤花。

凤仙花是一种生命力很顽强的植物，喜欢阳光，怕湿，不怕热但是怕冷，即使在贫瘠的土壤中它们也能很好地生长。

凤仙花在印度、中东等地被称为海娜，因其本身带有天然红棕色素，中东人很早就开始种植这种植物，用它的汁液来染指甲和修饰自己。据记载，埃及艳后就是利用凤仙花来染头发的。著名的印度身体彩绘，也是用它来染色的。

凤仙花的花语是"别碰我"，你知道这是为什么吗？因为它的蒴果只要轻轻一碰就会弹射出很多种子来，很有意思吧。

自动弹射的本领

为什么凤仙花的蒴果容易崩裂呢？原来，这是凤仙花在利用自身的力量来传播种子。

为了繁衍后代，凤仙花必须让自己的种子尽量远离自己，但是凤仙花的种子无法被风吹走，动物们也帮不了它们，为了子孙后代，凤仙花只好自力更生了。

凤仙花的果实是一个纺锤形的蒴果，成熟时，只要轻轻地一碰，果瓣便会自行裂开并向内蜷缩起来，用这股力量将里面的种子弹射出去。凤仙花的果瓣在蜷缩的时候力量十分惊人，能够让种子飞出 5 米左右。为了落地之后还能滚得更远一点儿，凤仙花的种子都是圆滚滚的。

种子还能如何自己旅行

在自然界，利用自身力量传播种子的植物有很多，如豌豆、黄豆、蚕豆、油菜、芝麻等。这些植物有一个共同的特点，那就是它们的果皮都比较薄，如若不然自身的力量就撑不开果皮，也就无法传播种子了。

还有一些植物，它们具备自动播种的特殊装置。喷瓜的果实跟黄瓜很像，但是没有黄瓜长，表面带有很多毛刺。它看起来其貌不扬，但内部另有乾坤。喷瓜的种子不像人们常见的瓜类那样埋在柔软的瓜瓤中，而是浸泡在黏稠的浆液里，浆液把瓜皮胀得鼓鼓的。当喷瓜成熟时，稍有风吹草动，它便会自动从瓜柄上脱落，并在瞬

浆液

喷瓜

浆液里的种子

间从顶端将瓜内的种子喷射出去，射程最远的可达十几米，"喷瓜"也因此而得名。

野燕麦的种子也很有趣，它能够自己"爬"进土中。野燕麦种子的外壳上长有一根长芒，会随着空气湿度的变化而发生弯曲或伸直，种子就在长芒的不断伸曲中，一点一点地向前挪动，一旦碰到缝隙就会钻进去，第二年便会生根发芽。不过，野燕麦种子"爬行"的速度相当缓慢，一昼夜只能前进1厘米。尽管如此，这种传播种子的本领在植物界也达到了登峰造极的地步。

植物其实是很聪明的，为了生存发展，它们会想尽办法来繁衍自己的后代，在亿万年的进化过程中，每种植物都有让自己种子"旅行"的特殊本领，使得种子可以广为传播，生生不息。

　　在美国缅因州和佛罗里达州茂密的森林里，生长着一种名叫印度天南星的小草，它是一种喜湿的多年生草本植物，常生活在潮湿的树荫下或小溪旁。这种小草有的植株长得比较高大，有的很矮小。稀奇的是，这种看似不起眼的小草，居然能够变性，在其长达 15 ～ 20 年的生长期中，总是不断改变着自己的性别：从雌性到雄性，又从雄性变为雌性。更有趣的是，有时候它们还会变为无性别的中性植株。听起来很不可思议吧。

变性
——雌性雄性
变变变

我现在负责繁衍后代。

强壮的雌性印度天南星

植物居然会变性

我们知道，人类有男女之分，动物有雄雌之分。其实，在低等动物界，变性是一种很普遍的现象。但是假若有人告诉你，植物也会变性，你一定会大吃一惊吧。

先别忙着惊讶，事实上，植物根本不需要手术或任何的外界帮助，它们就能够自由地进行变性。这听起来似乎很神奇呢！其实，大千世界，无奇不有，植物所拥有的特异功能，远远超过了我们的想象。

一般来说，大多数植物都是雌雄同株的，也有一部分植物是雌雄异株的。雌雄异株的植物，必须同时有雌株、雄株杂居，才能繁衍出后代来。

但是也有一部分植物，它们会发生雌雄株之间互相变换的"变性"现象，印度天南星就是植物界中为数不多的代表。印度天南星雌雄异株，而且有雄株、雌株和无性别的中性株三种类型。

瘦弱的雄性
印度天南星

她好强壮，
我也要变
成雌株！

是变成雄株
还是雌株呢？

中性印度
天南星

印度天南星：强壮的植株会变雌性

印度天南星为什么会不断地变换自己的性别呢？难道仅仅是为了好玩？当然不是啦，它们之所以会有这种"特异功能"，完全是为了适应环境的变化。

科学家研究发现，印度天南星的变性与植株体型的大小有着密切的关系。以398毫米为界，超过这一高度的植株，多数为雌株；而低于这个高度的植株，多数为雄株。高度在100～700毫米的植株，都可能发生变性，而380毫米却是雌株变为雄株的最佳高度。科学家还发现，当植株长得肥大时，通常会变为雌性，而当植株比较瘦小时，就会变成雄性。

这是为什么呢？原来，植物同动物一样，在开花结果时，雌性植株因为要繁衍后代，所以要消耗的营养物质比雄性多，只有高大的植株才能满足这种需要。印度天南星的果实较大，消耗的营养比一般植物要多。如果年年都开花结果，那必然会导致其营养物质"入不敷出"，植株就会越来越小，甚至会因营养不良而死去。所以，只有长得壮实肥大的植物才会变成雌性，开花结果。结果后，印度天南星会觉得"筋疲力尽"，需要休养生息，因而，它接下来就会变成小型雄株，默默地储存营养。当它的"体力"渐渐恢复之后，它就又会变成雌株，开花结果、繁衍后代。

不管变成啥，一切为了生存

当然了，并不是每一次变成雌株时，印度天南星都会开花结果，有的时候生长环境变得恶劣，如连续干旱、土壤肥力不足等，不适宜它们繁衍后代，于是其性别会再次发生逆转，变为雄株。

印度天南星在一生当中可以多次反复变性，它不仅会变为雌株、雄株，而且还会变成中性！印度天南星之所以会变成中性，是由其体内的营养物质决定的，而且与环境也有一定的关系。当它不能变为雌株，却又不"甘心"变为雄株时，就只好暂为中性了。

有趣的是，印度天南星不仅依靠变性来繁殖后代，而且还会利用变性来应付不良环境。植物学家发现，当动物吃掉印度天南星的叶子，或大树长期遮挡住它们的光线时，印度天南星也会变成雄性。直到这种不良环境消失后，它们才会变成雌性，繁殖后代。

植物由于不能到处移动，在自然界处于弱势地位，但是它们在进化的过程中也形成了一套自己的生存策略，以免被淘汰。看来，植物应对自然变化的招数不可小觑呢。

好不容易要变成雌株了，都被这兔子给毁了！

印度天南星

血型

——植物居然有血型

20世纪80年代，日本发生了一桩疑案。一位女性在夜间死于卧室，现场没有打斗的痕迹，似乎是自杀。但是，死者是 O 型血，枕头上的血迹中却检测到了 AB 型血，又有他杀的可能。

后来，日本警察科学研究所的山本茂法医受命调查此案，他意外地发现了一个奇怪的现象：在凶案现场未沾血的枕头上，竟然也有微弱的 AB 血型反应……

南瓜
苹果
山茶
草莓
萝卜

我们是 O 型血。

罗汉松
大黄杨

我们是 B 型血。

植物的四种血型：A、B、AB、O

我们是 AB 型血。

荞麦

李子

金银花

最终，案件宣布告破，AB 为荞麦的血型，死者为自杀。

荞麦竟然会有血型反应？那么其他植物是怎么样的呢？

带着这个问题，山本茂开始潜心研究，他前后研究了 500 多种植物，发现很多植物的血型与人类是相似的！

经过大量的实验，山本茂发现不同的植物有不同的血型：苹果、草莓、南瓜、萝卜、山茶等为 O 型血；罗汉松、大黄杨等为 B 型血；李子、荞麦、金银花等

玉米

我们是 A 型血。

葫芦

梧桐

枫树

我们都是枫树，为什么颜色不一样啊？

我们血型不一样啊！

为 AB 型血。当时山本茂并没有发现 A 型血的植物，不过现在人们已经知道梧桐、玉米、葫芦等植物是 A 型血。

有趣的是，有些植物会同时拥有两种血型，例如枫树。枫树拥有 O 型和 AB 型两种血型。到了秋天，O 型血的枫树树叶会变红，而 AB 型血的枫叶则泛黄。这也许是枫叶颜色与其血型有某种联系的缘故吧。

植物没有血，为什么有血型

看到这里，你可能会叫起来——植物连血都没有，怎么可能会有血型呢？

的确，植物没有血。所谓植物的"血"，指的其实是植物的体液（也就是营养液）。"植物血型"只是一种通俗的说法，科学的说法应该是"植物体液液型"。植物的"血型"是由体液中某种细胞的外膜结构差异来决定的。

研究证实，植物体内存在着一种带糖基的蛋白质或多糖链，有的植物的糖基恰好跟人体内的血型糖基类似，如果以人体的抗血清进行鉴定血型反应，这种糖基也会跟人体抗血清发生反应，从而显示出跟人体相似的血型。

奇思妙想：把植物变成人类的大血库

科学家通过实验发现，当植物体内的糖链合成达到一定长度时，在它的顶端就会形成血型物质，然后合成就会停止。这就意味着，植物的血型物质在这里起到了信号的作用。

也有科学家认为，植物的血型物质还具有贮藏能量的作用，而且由于它的黏性较大，似乎还担负着保护植物的任务。

有科学家研究发现，植物可能和人类一样也有造血功能，因为在玉米等植物当中含有类似人体血红蛋白的物质。这意味着，如果在其中加入铁原子，就可能制造出人体需要的血红蛋白来。而且，植物供血不会出现免疫系统的排异问题，不会导致输血者传染上艾滋病、肝炎等疾病。

当然啦，目前这还只是科学家的"奇思妙想"而已，不过可以预见，假如这项试验能够取得成功的话，植物将会成为人类的天然大血库。

运动
——跟风的植物们

　　在岩石缝中生活着一株卷柏。干旱袭来，周围的植物纷纷干枯死去，卷柏也受不了了，因为失水，叶子渐渐失去了绿色，并且卷在了一起，缩成了一个圆球，像是枯死了一般。可能是身体极度缺水的缘故吧，只是轻轻的一阵风，卷柏的根就从土里拔了出来，随着风滚来滚去。

　　随风滚来滚去的卷柏命运会如何呢？

是啊，我们鸟儿多好啊！

植物真可怜，干旱的时候只能被渴死，不能自己找水喝。

缩成一团准备"搬家"的卷柏

干死的植物

谁说我不能动，等风来了，我就跟它去找水了！

干死的植物

遇水就能重生的卷柏

你可能会想：卷柏的根已经离开了地面，怕是活不成了吧？嘿嘿，那可不一定哦。那些"枯死"的卷柏滚着滚着，滚到了有水的地方。嘿！有趣的事情发生了：卷柏把根扎进了湿土里，叶子唰的一下展开。它又活了！

在人们的印象当中，似乎只有动物才能运动，植物终其一生只能在它落地生根的地方生活。如果你也这么想，那可就大错特错了。在风力作用下，有些植物能离开那片生养它的土地，做个"移民"，换个地方扎根发芽，卷柏就是其中之一。

卷柏的奇特之处是它极耐干旱，并能"死而复生"。它的生长环境很特殊，水分的供应没有保障。但凭借着有水则"生"、无水则"死"的生存绝技，卷柏不但旱不死，反而代代相传、繁衍生息。在生时，卷柏枝叶舒展、翠绿可人，尽量吸收难得的水分。一旦失去水分供应，就将枝叶卷曲抱团，并失去绿色，像枯死了一样。

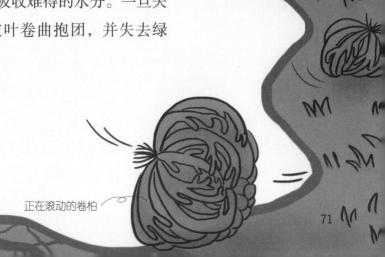

"起死回生"的卷柏

快到这儿来，这儿有水！

正在滚动的卷柏

水生植物

草本植物

木本植物

随着环境中水的有无，卷柏的"生"与"死"也交替进行，因此在民间人们又称它为还阳草、还魂草、长生草、万年青等。科学家则称这种小草为"复苏植物"，仿佛在干旱时它睡着了，遇到水又重新醒来似的。

沙生植物

复苏植物

变成"干草"也不死

在各种植物体内，都有含量不等的水。水生植物的含水量最高，可达98%；草本植物的含水量是70%～80%；木本植物的含水量是40%～50%；含水量很少的是生活在沙漠地区的植物，只有6%。如果低于这个百分比，这些植物细胞中的原生质就会遭受破坏，导致植物死去。

卷柏却是植物界的一朵奇葩，即使它自身的含水量降低到5%以下，几乎已成"干草"了，仍然可以保持生命。

哪有什么不死天赋，全靠历练

卷柏之所以能练就这种非凡的本领，奥秘全在于它的细胞的"随机应变"。当干旱来临时，它的全身细胞都处在休眠状态，睡起大觉来，新陈代谢几乎全部停顿，像死去一样。这时候，它的枝叶也卷缩起来。等到遇到水，全身的细胞就会立即醒过来，尽情地吸收水分，叶子也就舒展开了。可能是因为干旱时根部的细胞缩小而使根也缩小，在土里松动了，风一吹，它就被拔出来了，可以跟着风儿去跑路。

说起来，卷柏的这种本领也是被环境逼迫出来的。为了能在久旱不雨中生存下来，它被迫练出了这身"本领"。

"树挪死，人挪活"，人们总以为，植物挪动了就会死，这是天经地义的事情。但如果受到环境的逼迫，植物也会不按常理出牌，想出超乎寻常的办法来应对，这就是植物的智慧。

卷柏体内细胞

水源充足的土地

干旱的土地

植物智慧小测验

1.植物要想繁衍后代，必须要找到合适的对象，帮助它把雄蕊花药上的花粉传递到雌蕊的柱头上。人们将这个过程称为_____。
① 受精　　　　② 繁殖　　　　③ 生殖　　　　④ 授粉

2.有关风媒花的叙述，不正确的是_____。
① 风媒花植物的花朵很小，也没有艳丽的颜色和诱人的香气。
② 有的风媒花植物进化出了先花后叶的特性。
③ 有些风媒花植物会在柱头分泌黏液，以便粘住飞来的花粉。
④ 风媒花植物的花粉颗粒比较大，量也不是很多。

3.为了繁衍后代，植物想了很多聪明的办法，_____ 会将帮其传授花粉的甲虫囚禁在自己的花瓣里一整夜。
① 丝兰　　　　② 王莲　　　　③ 杜鹃　　　　④ 牵牛花

4.下面的植物中，_____ 不是通过风力来传播种子的。
① 蒲公英　　　② 柳树　　　　③ 海棠　　　　④ 杨树

5.植物十分聪明，很多还会利用自身的力量来传播种子，_____是其中的典型代表。
① 凤仙花　　　② 椰树　　　　③ 土豆　　　　④ 睡莲

6.动物也是帮助植物传播种子的大功臣，以下植物中，_____的种子不是依靠动物来传播的。

① 松树　　　② 苍耳　　　③ 豌豆　　　④ 草莓

7.豆科植物要想进行光合作用，需要利用氮等营养元素。但是豆科植物从土壤中摄取氮元素的能力非常有限，而生长在其根部的根瘤菌则会向它们提供一些有机氮。像豆科植物和根瘤菌这样能够互相帮助的关系，我们就叫它_____。

① 寄生　　　② 半寄生　　　③ 相生　　　④ 共生

8.有的植物会发生雌雄株之间互相变换的"变性"现象，_____就是植物界中为数不多的代表。

① 蜘蛛兰　　　　　　② 荞麦
③ 印度天南星　　　　④ 枫树

植物生存的

小计谋

干旱

——缺水有缺水的活法

一望无垠的沙漠中，烈日炎炎，一眼望去，映入眼帘的是无边无际的黄沙，除此之外很少见到动植物的影子。但是偶尔也会发现一些绿色的踪影，它们有的像人的手掌，有的是圆球形，但是无一例外，它们身上布满了密密麻麻的小刺。

你猜得没错，它们就是仙人掌。它们能在极端干旱的自然环境中顽强地生长，给沙漠地区带来蓬勃生机。

仙人掌的茎

我才是真正的骆驼！

尖刺状的仙人掌叶子

吸收水分时膨胀的茎

平时的茎

炎热、干燥的沙漠

远古的仙人掌也有叶子

仙人掌是仙人掌科植物的总称，包括 2000 多个品种，有掌形、球形、柱形等各种形态。墨西哥是有名的仙人掌产地，据统计，墨西哥境内有 1000 多种仙人掌。它们形形色色，千姿百态，铺满了墨西哥的荒漠，是墨西哥的国花。

别看仙人掌大多长得奇形怪状，还披着一身锐利的尖刺，让人望而生畏，它们开出的花朵却分外妖娆，不仅花色丰富多彩，有的还长有如流苏般的花穗呢。

事实上，原始的仙人掌类植物是有叶子的。它生长在不太干旱的地区，外形和普通植物并没有多大的区别。茎跟藤本状的灌木一样，除幼嫩部分外大多都变得木质化，而茎的表皮也不是绿色的。只是由于沧海桑田的变化，原来湿润的地区变得越来越干旱，为了求得生存，仙人掌迫不得已发生了变化：正常的扁平叶逐渐退化成圆筒状，进而又退化成鳞片状，最后变成了密密麻麻的细刺；由于叶子消失了，茎便担起了光合作用的重任，因而茎的颜色变成了绿色。仙人掌的外形也发生了变化：有的扁平如镜，有的细长如蛇，但一半以上呈球形或近似球形——沙漠地区日照强烈、干旱缺水，同样的体积，球体表面积最小，蒸腾量也会减少。

今天在中美洲一些不太干旱的地区还分布着一些有叶子的仙人掌，当然啦，它们属于原始的仙人掌类。

储藏的水要见底了，怎么还不下雨啊！

失水的仙人掌

吸满水分的仙人掌

仙人掌抗旱的三大妙招

仙人掌是一种生命力顽强的奇特植物，它们有独家的抗旱妙招。

妙招一：庞大的根系。仙人掌的根系十分庞大，通常它们的根只扎在地表下一点点，但是分布却很广，以便更多地吸收水分。当下雨的时候，仙人掌就会生出更多的根。当干旱时，根就会枯萎、脱落以保存水分。

妙招二：强大的贮水本领。仙人掌的肉质茎当中含有大量的胶体物，它的吸水力很强，水分很难散失。而且茎的表面还有一层厚厚的蜡质层或密集的茸毛保护，可以减少水分蒸发。

妙招一

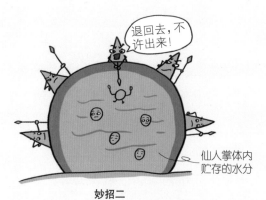

妙招二

妙招三：休眠。仙人掌还有一种特殊的本领，在干旱季节，它们可以进入休眠状态，就跟动物冬眠似的。此时，仙人掌会把体内养料与水分的消耗降到最低限度。当雨季来临时，它们就会非常敏感地"醒"过来，根系也会立刻活跃起来，大量吸收水分，使植株迅速生长并很快地开花结果。

妙招三

沙生植物都是抗旱达人

除了仙人掌，还有哪些植物也是抗旱达人呢？其实，几乎所有的沙生植物都有强大的抗旱本领。它们生活在缺水的沙漠当中，为了适应那里的干旱气候，个个练就了一身抗旱本领。

有的沙生植物靠深根来吸取地下水，它们往往会把根扎进很深的土层里。如生长于我国西北沙漠中的骆驼刺，其根可深入地下15米水源处吸水。

在非洲撒哈拉沙漠中，有一种叫"沙漠夹竹桃"的植物，它的叶片下面的气孔是陷在一个洞洞里的，洞口有茸毛，这样可以防止水分过快蒸腾。而且更稀奇的是它本身有一种由挥发油散出的蒸汽笼罩树身，这样也可以防止过度蒸腾而达到抗旱目的。

缺氧

——在水底也能自由呼吸

夏日，池塘里的荷花盛开了。碧绿的荷叶高高低低，有的轻轻地浮在水面上，有的高高地撑出水面。荷叶上面还有许多晶莹剔透的水珠在滚来滚去，在阳光的照射下闪闪发亮。

荷花的样子也是千姿百态：有的像害羞的小姑娘，涨红了脸，躲在碧绿的荷叶下；有的好奇地从荷叶中探出头来，打量着这个新鲜的世界；有的像一个俊俏的少女，正对着平静的湖面细心地梳妆打扮。

美丽的荷花为什么能够生长在水里呢？

人家还没准备好出场呢！

气腔

滚动的水珠

我是根状茎！这些毛毛才是根呢！

不怕水淹的荷花

　　我们知道，很多植物是怕被水淹的，被水淹之后便会死亡，这是因为大量的水会导致植物呼吸不畅。但是植物当中也有一些"另类"，它们不怕水淹，荷花就是其中的代表。荷花的一生都是在水里度过的，但它却没有丝毫的不适应。

　　为什么荷花不怕水呢？原来，荷花具有四通八达的通气系统和排水器，即使在水中，它们也能自由地呼吸。

　　很多人以为藕是荷花的根，其实藕的真身是肥大的地下茎。由于它的形状类似于根，就被称为"根状茎"。如果你仔细观察，就会发现藕节上面有一些类似胡须的东西，记住了，这才是荷花真正的根呢。

　　你一定吃过莲藕吧，它的里面有许多小孔。其实这是荷花对于水中生活的一种适应。除了莲藕，在荷花的叶柄和花梗里面也有类似的结构。

这些小孔就是荷花的气腔，它们与露出水面的部分彼此贯通，形成了一个输送气体的系统。露出水面的叶子和叶柄利用气孔吸收氧气，之后氧气就会通过这些气腔运送到水下部分，以满足植株有氧呼吸的需要。

你可能会注意到，在荷叶上常有许多晶莹剔透的细小露珠。这不是外界带来的，而是外界大气压过低，荷叶的蒸腾作用减弱时，荷叶中的特殊排水器启动，通过荷叶中央的排水小孔将水排出体外而形成的。

现在你该明白了吧，荷花能生长在水中的秘密就在莲藕的那些圆孔和荷叶当中的排水器上。

淤泥里长大的荷花，为什么干干净净的

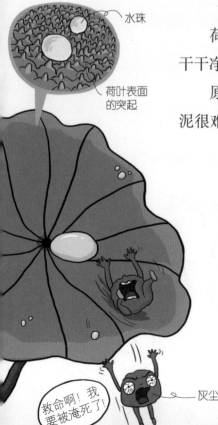

荷花生在淤泥当中，可是我们看到的荷花却是干干净净的，这是为什么呢？

原来，叶芽和花芽表面有一层光滑的蜡质，淤泥很难沾上。即使不小心沾到了，也会被水冲得干干净净，待荷叶和花蕾挺出水面时自然是一尘不染的了。

荷花和荷叶的表面不仅布满了蜡质，还有许多乳头状的突起，这些突起之间充满了空气，能够阻挡淤泥和水的渗入。

当荷叶露出水面，它上面的茸毛状蜡质依然存在，能够起到保护叶面气孔的作用。由于蜡质的存在，当雨水滴在荷叶上的时候，

会形成滚来滚去的小水珠。当灰尘等落在叶面上时，极易被风吹走或被水冲干净。

水生植物的根变成"锚"了

我们都知道，陆生植物必须要有发达的根系，这样它们才能够从土壤中吸收足够的水分和养料；而且，为了支撑身体，便于输送水分和养料，它们还必须有强韧的茎。陆生植物的根和茎都有厚厚的表皮包着，目的就是防止水分流失，要知道，对于植物来说，水可是最珍贵的东西了。而水生植物则不同，它们的四周都是水，根本就不用担心水分流失这个问题，因此，它们的根和茎上也没有厚厚的表皮，相反，它们的表皮都很薄，这样便可以直接从水中吸收水分和养料。嘿嘿，看来它们都十分懂得"因地制宜"呢，真是够聪明的。

如此一来，水生植物根的功能就发生了"退化"，因为它们的主要任务并不是吸收水分和养料，而是固定植物。

芦苇

对，我的根就是固定身体的锚!

你是在抛锚吗?

盐碱地

——咸咸的土壤里也有生机

　　当你乘坐的火车奔驰在祖国大西北的土地上时，映入你眼帘的便是一片白茫茫的一望无际的戈壁滩。在白茫茫的戈壁滩上，植物很少，但是偶尔也能看到一簇簇绿中带紫的植物，那便是戈壁滩上有名的植物——红柳，也称作柽柳。红柳具有很强的生命力，它们能够在干旱缺水的戈壁滩上生存，为茫茫戈壁带来了生机和希望。

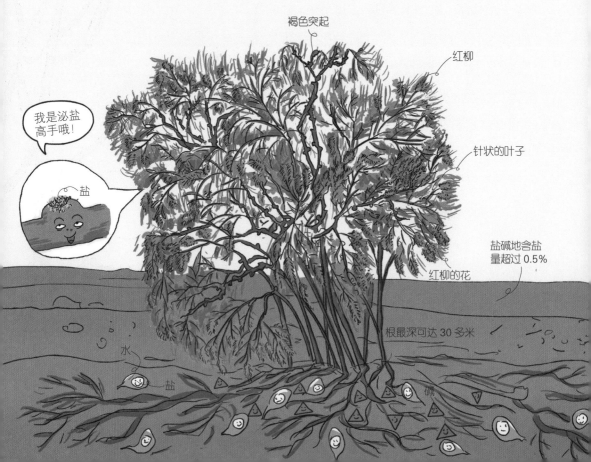

褐色突起

红柳

针状的叶子

我是泌盐高手哦！

盐

盐碱地含盐量超过 0.5%

红柳的花

根最深可达 30 多米

水

盐

碱

红柳是大戈壁上的"哨兵"

渴死我了！

红柳是戈壁滩上最重要的植物之一。红柳是一种很古老的植物，它的祖籍在非洲，在 1200 万年前，随着海洋的消退和气候的旱化，经地中海、中亚细亚来到了西域，如今在我国新疆、甘肃、内蒙古等地的戈壁和沙漠里分布广泛。

红柳是一种小乔木，通常高 2～3 米，有很多分枝，它们的枝条大多是紫红色或红棕色的，叶子像一根根针。别看红柳长得很奇怪，它们也是会开花的哦，它们的花有淡红色、紫红色，十分好看呢。

生活在干旱缺水的戈壁滩，红柳具有顽强的生命力，它们会把根扎得很深，把触须伸得很长，最深、最长的可达 30 多米，以汲取更多的水分。即使红柳被流沙掩埋，它们也不会坐以待毙，而是会把被掩埋的枝干变成根须，再从沙层的表面伸出新的枝条来，然后顽强地开出小花。

因此，红柳还是良好的固沙植物。我国西北大部分沙漠的铁路两侧都种有长长的红柳林带，用以抵挡风沙，保证铁路不被流沙淹没。

不怕咸的红柳

你一定十分好奇，戈壁滩上为什么是白茫茫的呢？原来白茫茫的戈壁滩大多是盐碱地。土壤中的盐碱可以随着水分往上升起，特别是在干风四起的季节，地表的水分被风刮走，盐碱便留在了地面上，

所以看起来就是白茫茫的一片了。

我们都知道，土壤中的盐碱是植物生长的大敌。大多数植物的抗盐碱能力很差，只有当土壤的含盐量低于 0.5% 时，才能正常生长。也有部分植物的抗盐能力较强，比如棉花、西红柿、西瓜、甜菜、高粱等。一般来说，当土壤的含盐量超过 1% 时，植物就很难生根发芽了。

为什么土壤的含盐量较高时植物就没法生长了呢？

原来，当土壤中盐分较高时，就会造成土壤溶液浓度升高，这样植物的根系就很难吸收到土壤中的水分，植物就会缺水而死。

那么红柳为什么能够在白茫茫的盐碱地上生长，它有什么绝招呢？

红柳世世代代生长在盐碱地上，在跟盐碱作斗争的过程中，逐渐形成了抵抗盐碱的本领。红柳的根部细胞对盐类有着很大的透性，可以吸收大量的盐，但奇怪的是它的体内并没有积累太多的盐分。那它吸收到体内的盐分都去哪儿了呢？原来，红柳的茎、叶表面密布着盐腺，能够把体内多余的盐分通过类似人类出汗的方法排出体外，让盐分被风吹走或被雨水冲掉。

由于红柳具有极高的泌盐本领，因此它们能够生活在含盐量较高的重盐碱地上，可以说，红柳是改造盐碱地的优良树种。

胡杨：我能把盐"哭"出来

在西北沙漠地区，常常能够见到与红柳混生的胡杨树。胡杨的根系十分发达，成年大树横向的根系长度可达 100 米，可以从干旱贫瘠的沙漠中吸收含盐很多的水分。胡杨跟红柳一样，也能够把体内多余的盐分排出体外。

在胡杨树皮的裂口或断枝处，常常会看到有类似结晶状的物质，人们将其形象地称为"胡杨泪"，其实那就是胡杨分泌出来的多余盐分。"胡杨泪"中有丰富的苏打、食盐等多种成分，当地的一些群众还常常用它来发面蒸馒头或烙饼呢。"胡杨泪"若拌上羊油或牛油还可以制成肥皂。

在非洲南部的荒漠上有一个"碎石"的世界。满地的"小石头"半埋在土里，有的呈灰色，有的呈灰棕色，有的呈棕黄色；它们顶部或平坦、或圆滑，有的上面还镶嵌着一些深色的花纹。

一只饥饿的沙漠鼠在"碎石"中间穿梭着，想找点食物来充饥。但遗憾的是，它身边连棵草都没有，沙漠鼠失望地拖着饥饿的身躯爬走了。可怜的沙漠鼠并不知道，它的眼皮底下就有一顿大餐：在零零散散的石头中间，隐藏着很多食物。但沙漠鼠为什么视而不见呢？

生石花
——植物界的
变色龙

> 一点吃的也没有，哪怕有一棵草也好啊！

可以开花的缝隙

生石花

> 小点声，它还没走远呢！

> 又把我们当石头了！

扮成石头的伪装者

逃过沙漠鼠眼睛的食物就是著名的拟态植物生石花。

生石花又名石头花、象蹄、元宝，属番杏科，是非洲南部的特产。它们原产于极度干旱、少雨的非洲南部沙漠砾石地带，为了适应环境、生存繁衍，才会渐渐从双子叶植物进化成外表酷似石头的球叶植物。

好特别的石头，捡块儿做纪念！

我们可不是石头啊！

姑娘好眼力！

我怎么觉得这些石头好像有生命！

生石花是抗旱达人。它们的变态叶肉质肥厚，两片对生联结，形成一个倒圆锥体。生石花的身体里有许多像海绵一样能贮存大量水分的细胞，当干旱来临，它们只靠体内贮存的水分维持生命，身体便萎缩变小，埋在砾石沙土里或仅露出顶面。生石花的叶顶生有特殊的专为透光用的"窗"，阳光只能从"窗"射入内部。

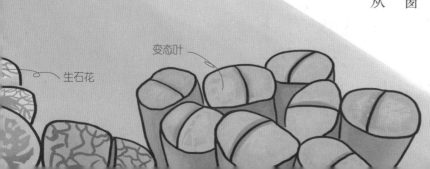

生石花

变态叶

91

为了减少烈日直射的强度，"窗"上还附着着颜色或花纹。而当雨季来临，生石花又会快速恢复成原来的株型并长大。

　　生石花将自己伪装成石头的模样，长期潜伏在碎石堆与沙砾之间，主要是为了避免被食草动物吃掉。它们的隐身术十分高明，听说就连训练有素的植物学家也很难在野外发现它们呢。

　　潜伏才能生存，这也难怪沙漠鼠没有发现它们了。

这种"石头"会开花

　　生石花并非一年四季都像石块。每年盛夏至中秋，生石花就会从丑小鸭变成白天鹅——美丽的花朵从"石缝"中钻出来，覆盖了整个荒漠，奏响生石花家族生命交响乐中最动人的乐章。

生石花开的花

生石花顶部略平，中间有一道缝隙，3～4年生的植株在秋季就是从这个缝隙里开出黄、白或粉色的花朵。生石花的花径有3～5厘米，花朵多在下午开放，傍晚闭合，第二天午后又开放，单朵花可以开7～10天。

生石花的花朵几乎可以将整个植株都盖住，非常娇美。花谢之后，生石花会结出非常细小的种子。

蜕皮：牺牲自己，壮大家族

除了用种子繁殖新个体，每株生石花还通过自我牺牲来促进新一代的生长。

每到冬末春初，生石花便迎来了蜕皮、分裂的时刻。这个时候，它们的植株逐渐开裂，在开裂处会有一个或两三个新的植株逐渐长大。随着新植株长大，原有的植株逐渐枯萎，为新株所取代。这个新植株替代老植株的过程，就是蜕皮生长和分裂繁殖的过程。

生石花蜕皮的生理现象，是适应恶劣环境的需要，可以说，生石花这一生，就是围绕着蜕皮和开花两大任务而忙碌着。蜕皮是为了保护本体安全度过最恶劣的高温干旱期，而后抓紧短暂的生长季节开花授粉，繁衍下一代。

老的本体以大无畏的精神，将自身养分转移给新本体，同时自身枯萎，继续保护新本体在高温干旱期减少水分蒸发。如此周而复始，保证了生石花整个家族的繁盛。

含羞草

——植物界的"装死影帝"

　　南美洲的草原上，一株可爱的小草盛开着粉红色毛茸茸的小花，十分漂亮。一只调皮的蚂蚱用力一跳，跃到了那株小草上。谁知它还没站定，那株草竟然慢慢地"枯萎"了，叶子都垂了下去。蚂蚱吓了一跳，急忙蹦开了。不一会儿，那"枯萎"的小草叶子一片一片打开，又焕发了生机。

害羞中……

刚才还是水灵灵的叶子，怎么一下子就枯萎了！

收起的叶子

含羞草

通过装死保全性命

其实,那株可以随意改变叶子状态的小草就是我们常常提到的含羞草。

含羞草原产自南美洲热带地区,是一种多年生的植物。由于它的叶子会对热和光产生反应,受到外力触碰会立即闭合,就像害羞了一样,所以得名含羞草。含羞草的花为粉红色,形状似绒球,十分可爱,茎则遍布着密密麻麻的小尖刺。含羞草的叶子具有相当长的叶柄,柄的前端分出四根羽轴,每一根羽轴上生着两排椭圆形的小羽片。含羞草具有很强的适应性,喜欢温暖潮湿的气候,不耐寒,十分喜欢阳光。

含羞草可是植物界的装死高手,只要有人轻轻地触碰它,它就会装出已经死亡的样子。当然了,它这么做也是有原因的。

在很多动物看来,含羞草的叶子十分美味,因此对它垂涎三尺。但是,当它们流着口水靠近含羞草,准备大快朵颐的时候,含羞草就会马上收紧叶子,装出一副枯萎的样子。对于动物来说,快要枯萎的叶子显然不是什么可口的食物,动物们只好垂头丧气地走了,去寻找新的食物。

也许还有一些动物不会就此放弃,准备将就着吃这些快要枯萎的叶子。此时,含羞草的茎部也会变得软绵绵的,然后尽力让上面的尖刺立起来。这样一来,那些不肯放弃的动物也只好灰溜溜地走了。

就这样,通过"装死",含羞草一次又一次地躲过了敌人的"迫害",成功地存活了下来。

为什么含羞草轻轻一碰就"羞答答"

为什么轻轻一碰触含羞草，含羞草就会变得"垂头丧气"呢？原来，在含羞草的叶柄基部有一个像袋子一样的器官叫"叶枕"，叶枕内有许多薄壁细胞，它们对外界的刺激十分敏感。一旦叶子被触动，叶枕里面的薄壁细胞就会打开闸门，将储存在液泡里面的水分排出，这样一来，叶枕就变得瘫软，失去了叶枕的支持，叶子也就马上垂下来，看起来就像是枯萎了一样。

过了一段时间之后，水分会重新流进叶枕，于是叶片又恢复了原来的样子。

含羞草"害羞"其实是一种生理现象，也是含羞草在进化过程中对外界环境长期适应的结果。因为含羞草原产于热带地区，那里多狂风暴雨，当暴风吹动叶子时，它立即把叶片闭合，这样就可以保护叶片免受暴风雨的摧残。经过长时间的自然选择，渐渐形成了这一习性。

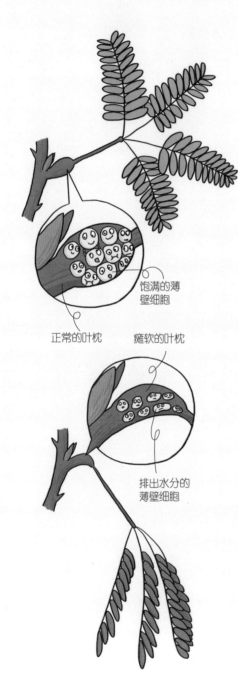

饱满的薄壁细胞

正常的叶枕   瘫软的叶枕

排出水分的薄壁细胞

含羞草夜里会睡觉

含羞草和合欢树到了晚上会合上所有的叶子，叶柄下垂，就像睡着了一样。这是为什么呢？原来，植物白天要进行光合作用，吸收二氧化碳、释放氧气，制造营养；但到了晚上则刚好相反——要进行呼吸作用，吸收氧气，消耗营养。叶子下垂是因为植物将气孔关闭，就跟暂时休眠一样，是为了减弱呼吸作用，少吸收氧气，少消耗营养。

不早了，卷起叶子睡觉了！

这样的特性对人来说可是有好处的。很多人喜欢在卧室里养植物，但是植物在晚上会与人争夺氧气，如果在卧室养晚上会睡觉的植物，情况就好多了。

一片大草原上，不少纯蛱蝶在藤蔓盘绕的草丛上方匆匆飞过，目光不放过每丛植物。显然它们并不是在嬉戏玩耍，更不是在欣赏美丽的景色，它们是在寻找产卵的地方。一阵微风吹过，纯蛱蝶顿时兴奋起来，它们嗅到了西番莲的气味。眼尖的纯蛱蝶找到了一株西番莲，兴高采烈地落在了西番莲的叶子上，准备繁殖后代。但是很快它们又悻悻地飞走了，这是为什么呢？

西番莲
——攻守兼备的全能选手

纯蛱蝶，你快走开！

形态像时钟的西番莲

嘿嘿，才不呢！

正在产卵的纯蛱蝶

纯蛱蝶的卵

纯蛱蝶的幼虫

当纯蛱蝶遇上西番莲

原来，它们发现西番莲的叶子上已经有其他纯蛱蝶产的卵了，只好放弃这片领地。事实果真如此吗？

西番莲是一种原产自南美洲的藤本植物，由于它的花的样子很像时钟，站在远处观望的时候，很容易让人产生错觉，仿佛有人将时钟挂在了那里。因此人们又称它为"时钟花"。

西番莲体内的毒素

西番莲虽然很漂亮，却是一种非常危险的植物。为了吓退那些贪吃客，它的叶子和茎都充满了毒液。但这招对纯蛱蝶无效，纯蛱蝶能释放出一种可以抵御西番莲毒素的物质，因此照吃不误。而且，狡猾的纯蛱蝶能从西番莲身上获得毒素，作为自己抵御天敌的利器。

更可恶的是，饱餐一顿后，纯蛱蝶还会在叶子上面产卵。这样一来，西番莲的叶子就沦为纯蛱蝶的"产房"兼"幼儿园"，最终还会沦为纯蛱蝶幼虫的食物。如果任其发展下去，就会影响西番莲的生长，甚至会导致西番莲开不了花、结不了果。

西番莲的叶子上类似纯蛱蝶卵的形状的突起物

易容与诈术：西番莲的反击

面对纯蛱蝶肆无忌惮的示威，西番莲也不愿任人宰割，它们想了很多招数想要赶跑纯蛱蝶。

招数一：易容术。为了防止被纯蛱蝶发现，西番莲会改变叶片的形状。纯蛱蝶飞过时认不出改头换面的西番莲，还以为这里并没有自己的食物，就只能飞走了，西番莲则会因此躲过一劫。

招数二：以假乱真。西番莲在自己部分叶片上制造出与纯蛱蝶卵很相似的黄色突起物，也就是假卵，让纯蛱蝶误以为那里已经被其他同类捷足先登。在这种情况下，纯蛱蝶通常不想自己的孩子投入过于激烈的食物大战，最后因食物短缺而活活饿死，所以只能飞走了。像开篇故事里那些飞走的纯蛱蝶，完全是被西番莲的假卵唬住了，殊不知，它们见到的卵是永远孵不出新生命的。

乍一看，西番莲叶子上的假卵与真卵没有任何区别，所以纯蛱蝶几乎每次都会上当。而且，西番莲作战时非常讲究"心理战术"的应用，只是在部分叶子和茎上面留下假卵，因为纯蛱蝶不可能在所有的叶子上都产卵，若卵过多，反而会让纯蛱蝶警觉，被其识破。

"伪装术"和"仿生学"在这里应用得出神入化，而且都产生了奇效。

西番莲的终极"撒手锏"

倘若以上防守的"法术"被"破解"，纯蛱蝶仍在西番莲叶上产卵，西番莲也不会就此坐以待毙。西番莲还有两招致命的"撒手锏"呢。

撒手锏一：借刀杀人。西番莲长有花外蜜腺，即生长在花外，不参与传粉的蜜腺。花外蜜腺分泌糖分及微量氨基酸，会吸引蚂蚁或寄生蜂等一群捕食者前来取食。这些捕食者在取食花外蜜腺分泌物的同时，会顺便消灭掉纯蛱蝶幼虫。西番莲用这种"广招高手"和"借刀杀人"的手段，达到了消灭入侵者的目的。

撒手锏二：落叶灭卵。假如发现有的叶片上有纯蛱蝶的卵，西番莲就会运用自身的调节机制，使这些叶子从植株上掉落，这样一来就会使叶片上纯蛱蝶的卵全部死亡，若有幼虫，也会因叶片干枯没有食物而毙命。西番莲这种壮士断腕、牺牲局部保护整体的手段也是高明之极。

物竞天择，适者生存。面对残酷的生存环境，西番莲不断摸索、进化，修炼出了各种技能来应对，使得自己能够不被自然界所淘汰。

借刀杀人这招还挺管用！

开始野餐吧！

趁没被发现，赶紧逃！

花外蜜腺分泌物

掉落的叶子

纯蛱蝶的卵

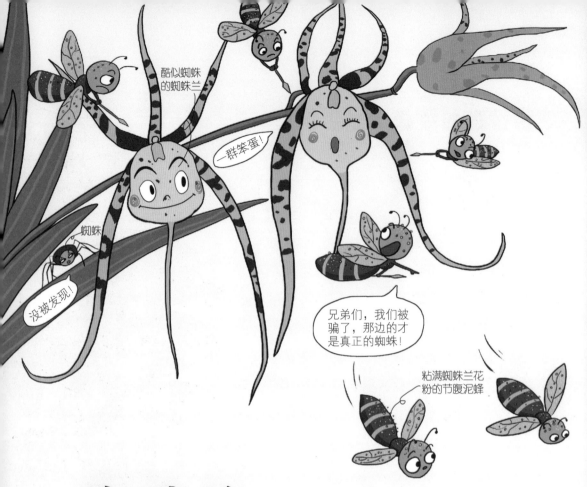

酷似蜘蛛的蜘蛛兰

一群笨蛋!

蜘蛛

没被发现!

兄弟们,我们被骗了,那边的才是真正的蜘蛛!

粘满蜘蛛兰花粉的节腹泥蜂

蜘蛛兰
——花如其名的植物

　　草丛中,两三只节腹泥蜂在飞来飞去。这时,一只眼尖的节腹泥蜂发现不远处潜伏着一只蜘蛛,它赶快向伙伴们发出了信号。在得知这一消息之后,节腹泥蜂们都十分兴奋,因为它们已经好久没有饱餐一顿了。它们争先恐后地冲上前去,跟蜘蛛展开了激烈的争斗……但是,攻击了好一会儿,节腹泥蜂才发现那并不是真正的蜘蛛,而是一株植物的花朵。

伪装成蜘蛛的蜘蛛兰

究竟是什么植物的花朵，居然会长得跟蜘蛛一模一样，还迷惑了节腹泥蜂呢？原来，那个与众不同的家伙是兰花的一种，就叫作蜘蛛兰，很形象吧。

蜘蛛兰是一种喜欢阳光（但是害怕烈日暴晒）和湿润气候的兰花，大多生长在东南亚和大洋洲。它是一种多年生的附生草本植物，有假鳞茎，叶子是线形的，花朵呈淡黄色，上面布满了棕色的斑点，闻起来有淡淡的花香。

蜘蛛兰的花瓣细长，而且分得很开，酷似蜘蛛的长腿，而花朵中间的部分则看起来像蜘蛛的身体。

蜘蛛兰属中有些为附生兰，有些则为岩生兰，还有的物种可算是藤本植物，能沿着支柱攀爬四五米高。其实，这也是蜘蛛兰的生理特性所决定的。蜘蛛兰喜欢阳光，攀爬得越高，就越有利于获得充裕的光照。

这次不会弄错了！

节腹泥蜂：蜘蛛兰的授粉使者

节腹泥蜂非常喜欢吃蜘蛛，每当看到蜘蛛，就会迅速地飞过去，然后用毒针进行进攻。但是，节腹泥蜂经常被酷似蜘蛛的蜘蛛兰欺骗。一看到蜘蛛兰，节腹泥蜂就会立刻投入战斗。经常要过一会儿，才能搞清状况，明白自己上当受骗了。但是此刻，节腹泥蜂的身上早已粘满了蜘蛛兰的花粉。

当然啦，事情到这里并没有结束。历史总是会重演，过不了多久，浑身粘满花粉且不长记性的节腹泥蜂会再次上当受骗，继续激烈的战斗。唉，真是可怜的节腹泥蜂啊！

这可正中蜘蛛兰的下怀：我扮成蜘蛛可不是为了好玩、让你们练兵的，我有自己的小算盘，嘻嘻。屡次上当受骗的节腹泥蜂还不知道自己正在充当一个伟大的角色——蜘蛛兰的"媒人"。节腹泥蜂把身上的花粉抹在了其他蜘蛛兰的柱头上，帮助蜘蛛兰完成授粉过程。

节腹泥蜂没有享受到美味的大餐，还稀里糊涂地充当了蜘蛛兰的免费授粉使者。虽然对于节腹泥蜂来说总被耍很不爽，但是我们不得不佩服蜘蛛兰为了成功授粉所使用的谋略。

不过，利用节腹泥蜂帮助授粉并不是蜘蛛兰繁殖的唯一手段。它们秉承了不在一棵树上吊死的原则，还开发出许多传宗接代的方法，如设法延长花期，蜘蛛兰全年都能开花，这对于它们的繁殖是十分有利的。而且，一旦授粉成功，蜘蛛兰就会结出很多很多的种子，一次能结出几万颗种子呢。要知道，兰花可是世界上繁殖子孙最多的植物。

无独有偶：扮雌蜂骗雄蜂的眉兰

　　并不是只有蜘蛛兰用伪装术来引诱虫媒传播花粉，植物界有很多智商高的物种，通过伪装术把动物耍得团团转，例如生活在地中海沿岸的角蜂眉兰。

　　每到春天，角蜂眉兰就会纷纷绽开小巧、娇艳而奇特的花朵：唇瓣是圆滚滚、毛茸茸的，上面还分布着棕色和黄色相间的花纹，看上去十分像一只静候交配的雌性角蜂——这也是角蜂眉兰得名的由来。

　　很快，角蜂眉兰花便吸引来了雄性角蜂，后者误以为角蜂眉兰的花朵是一只美丽的雌蜂，迫不及待地落在上面"求爱"。于是，在眉兰花唇瓣上方伸出的合蕊柱（合蕊柱为兰科植物花中的雌蕊和雄蕊互相愈合所成的器官，是兰科的特征之一）上的花粉块便粘在了雄角蜂的头上。当这只求偶心切又未能成婚的雄蜂，被另一朵眉兰花欺骗时，正好又把花粉块送到了新"配偶"的柱头上。说来角蜂也真是够倒霉的，不仅没有找到对象，还稀里糊涂地充当了两朵眉兰花的"媒人"。

　　眉兰之所以能够成功，是因为它们能够在体内合成与角蜂性信息素相似的次生代谢产物，并在开花时适时释放出去，使雄蜂误认为是雌蜂在向它"求爱"，因此毫不犹豫地飞向假配偶。

来帮忙传粉的了！

角蜂眉兰

这么多角蜂小姐！去认识一下！

角蜂先生

草丛中，一只小兔子在蹦蹦跳跳地寻找食物。它看到一丛绿油油的草，就高兴地跳了过去。谁知刚张开嘴，小兔子突然惊慌失措地跑开了。到底发生了什么事情呢？

难道，小兔子被一株小小的植物吓跑了？

尖刺 ——靠近我就扎你

敢吃我，给你点苦头吃！

它这次是和谁赛跑？

荨麻

啊，我的舌头肿了，疼死我了！

让有毒的小刺长满全身

这株浑身长满毛毛的植物就是荨麻。

荨麻又叫"蜇人草"，也叫"咬人草"，是一种生长在热带和温带的多年生草本植物。它具有十分顽强的生命力，对周围的环境没有太高的要求，一旦种下就能迅速地生长。

荨麻叶片肥厚、肉质鲜嫩、营养丰富，深受很多动物的喜爱，小兔子也不例外。但是小兔子为什么会被吓跑呢？

原来，荨麻的茎和叶子上遍布着密密麻麻的蜇毛，你可别小看这种蜇毛哦，它们可是有毒的，人及猪、羊、牛、马、鼠等动物一旦碰上就像被蜜蜂蜇了一样疼痛难忍。如果将新鲜的或晒干的荨麻放在粮仓或苗床周围，老鼠碰到就会立即逃之夭夭，因而荨麻也有"植物猫"的称号。

面对流着口水的食草动物，荨麻要么坐以待毙，眼睁睁地看着自己的叶子和茎被吃掉，要么积极进化，发展出对付动物的武器，聪明的荨麻当然选择了后者。

有了荨麻，以后不用上夜班了！

哈哈，我可是大名鼎鼎的"植物猫"哦！

荨麻

没偷到东西反而弄了一身伤……

这些植物弄得我一身包！

荨麻
蜇毛
腺体分泌的蚁酸

不起眼的蜇毛：屡试不爽的自卫武器

荨麻的蜇毛看起来又细又小，似乎并没有多厉害，怎么会有这么大的威力呢？

仔细观察荨麻的蜇毛你就会明白了。这种蜇毛非常尖锐，就像一根刺。它上半部分的中间是空腔，底部则是由许多细胞组成的腺体，腺体能分泌蚁酸等物质，这些物质对人和动物有较强的刺激作用。蜇毛一旦被碰到便会断裂，同时释放出蚁酸，人和动物也就不可避免地感觉又痛又痒了！说起来，荨麻的这种行为其实是一种正当防卫呢。

如果谁不小心把这些毛毛吃到嘴里，那舌头和上颚可就要遭殃了。嘴巴红肿还算是中毒较轻，严重的话就会上吐下泻，像得了胃肠炎一般。

久而久之，动物们都领教了荨麻的厉害。于是，荨麻便成了植物界的英雄，这让很多植物羡慕不已。

就因为荨麻具有这么高超的本领，人们将它们种植在庭院、学校及果园、鱼塘的周围，用来防盗。

变成天鹅的王子

荨麻编的衣服

公主艾丽莎

荨麻这种草，浑身都是宝

尽管荨麻浑身长着毒刺，但它的用途很广泛，是一种很有价值的植物。

纺织品。荨麻的茎皮纤维韧性很好、拉力强、有光泽，很容易上色，常常被人们用作纺织原料，或者用来制作麻绳、编织地毯等。在安徒生的童话《野天鹅》中，艾丽莎为了解除哥哥们身上的魔法，听从仙女的建议，从野外采来荨麻制作长袖的披甲。由此可见，在很早以前，人们就发现荨麻韧性很好，可以用来做衣服。

饲料。荨麻的茎和叶中都蕴含着丰富的蛋白质和大量的微量元素，对于牲畜来说，是营养价值很高的饲料。据说用它喂猪，不出十天半个月，猪就会长得又肥又壮。

做菜。荨麻的茎和叶可以凉拌、做汤、烧烤，也可以做成荨麻汁、饮料和调料等。荨麻籽榨的油，味道独特。

药用。荨麻可以祛风定惊、消食通便，能够治疗风湿性关节炎、产后抽风、小儿惊风、小儿麻痹后遗症、高血压、消化不良、大便不通等；外敷的话，则可以治疗麻疹初起、蛇咬伤等，是非常好的一味中药。但要注意，一定要在医生指导下使用哦。

呼救

——向昆虫发出求救信号

夏日的午后，高大的玉米正惬意地享受着阳光，玉米的叶片也紧锣密鼓地进行着光合作用，制造养分和氧气。突然，它觉得身上痒痒的，低头一看，原来它的身体上不知何时多了几只螟虫。面对螟虫肆无忌惮的攻击，玉米该怎么办呢？

这么多螟虫，我会被它们杀死的！

快发信号让马蜂来救援啊！

面对螟虫的攻击，玉米没有还手之力

玉米是一种一年生的禾本科草本植物，是重要的粮食作物和重要的饲料来源，也是全世界产量最高的粮食作物之一。

螟虫的幼虫

螟虫的卵

玉米原产于南美洲，1492年，哥伦布在古巴发现了玉米；1494年他将玉米带回了西班牙，随后传播到了世界各地。玉米大概在16世纪明朝的时候传入我国。

别看玉米生得高高大大，可是经常受到螟虫的骚扰。螟虫是一种害虫，个头很小，特别喜欢吃玉米的叶子，还喜欢在玉米的茎上打孔产卵。当卵孵化成幼虫之后，就会啃噬玉米的茎和叶；再大一些，它们的胃口也更大了，严重的时候可能会把玉米啃噬得仅剩下光秃秃的茎和叶脉。

对于螟虫肆无忌惮的"攻击"，玉米自身没有一点儿抵御能力。但是，这并不意味着它们会坐以待毙，它们会向外界寻求援助！

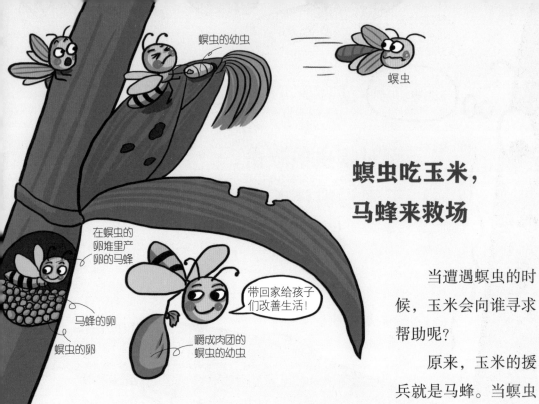

在螟虫的卵堆里产卵的马蜂

螟虫的幼虫

螟虫

马蜂的卵

螟虫的卵

嚼成肉团的螟虫的幼虫

带回家给孩子们改善生活!

螟虫吃玉米，马蜂来救场

当遭遇螟虫的时候，玉米会向谁寻求帮助呢？

原来，玉米的援兵就是马蜂。当螟虫接近玉米的时候，玉米会马上向四周发出 SOS 信号——一种特殊的气味，在玉米地周围活动的马蜂闻到这种气味后就会马上赶到。

为什么马蜂这么"忠于职守"呢？其实，马蜂之所以那么敬业完全是出于互利互惠的考虑。螟虫和螟虫的幼虫都是马蜂喜欢的食物，对马蜂来说，满是螟虫的玉米就是一个食物仓库。除了饱餐螟虫，马蜂还会爬进玉米缨子中，把深钻在里面的玉米螟虫的幼虫一条一条地拖出来，拦腰咬断，嚼成肉团，然后衔着飞回巢穴，喂养幼蜂。更令人叫绝的是，马蜂还能找到螟虫的卵，然后在上面产下自己的卵。这样一来，螟虫的卵就会成为幼蜂的食物，这样既解救了玉米，又保证了自己的后代不被饿死，真是一举两得呢。因此，马蜂便成了玉米忠实的保镖。

在一些农场，为了消灭螟虫，会专门放养马蜂，据说这样做的效果很不错。这些马蜂保镖甚至能将螟虫带来的危害

马蜂

蜂箱

降低至原来的 50%。看来，用马蜂防治螟虫是一个很好的法子，既有效又环保。

跨界合作，不只是玉米和螟虫

在自然界，不仅仅是玉米和马蜂之间有如此默契的合作关系，还有很多植物与昆虫之间都有这样的搭配组合。

木槿花非常漂亮，但是十分容易招来各种各样的害虫。当木槿花遇到害虫的时候，就会向瓢虫求救。只要瓢虫出现，那些靠近木槿花的害虫就会变得不堪一击，因为瓢虫会一口一个把它们消灭干净。

此外，柳树跟瓢虫也是好朋友。柳树会借助瓢虫的力量，消灭掉潜伏在它们身边的褐飞虱、二化螟等害虫；而作为回报，柳树会向瓢虫的幼虫提供自己的叶子。

正是因为这样，我们的祖先才会在小溪或农田周围种植木槿花和柳树，当以木槿花蚜虫和柳树叶子为生的瓢虫幼虫完全长成之后，就会将战场转移到农田，开展新一轮的害虫消灭战。

生化武器

——无声无息中完成反击

　　1981 年，美国东海岸的橡树林里出现了一种叫作舞毒蛾的害虫，后来舞毒蛾越来越多，在橡树林中大肆蔓延。舞毒蛾贪吃成性，疯狂地啃食橡树的树叶，很快便把 4 平方千米的橡树林中的树叶啃得精光，橡树都变成了光秃秃的光杆司令。

　　第二年，橡树又长出了新叶，但是人们对橡树的命运忧心忡忡，因为橡树上还寄生着大量的舞毒蛾卵……

病死的舞毒蛾

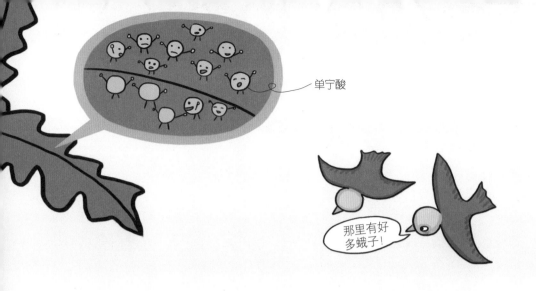

单宁酸

那里有好多蛾子！

成群结队的舞毒蛾去哪了

舞毒蛾又叫秋千毛虫，很难扑灭，大面积危害更难防治。美国当地林业部门面对舞毒蛾对橡树林的侵害束手无策，只好采取听之任之的态度，既不派人捉虫，也不喷洒杀虫农药。而橡树并没有像玫瑰、荨麻一样长有尖刺，也无法像玉米那样向同盟军马蜂发出求救信息，看来又难逃灭顶之灾了。

可令人们感到惊奇的是，橡树的长势很好，很快就恢复了以往的郁郁葱葱，生机盎然。在橡树叶上也难以寻觅到舞毒蛾的踪迹，大量的舞毒蛾就这样销声匿迹了。

这种情形令森林学家们感到十分困惑，舞毒蛾怎么会自行消失不见呢？这到底是怎么回事？

病死的舞毒蛾

橡树的"断腕"反击战

通过分析橡树叶的化学成分，科学家发现了一个惊人秘密：在遭受舞毒蛾咬食之前，橡树叶中的单宁酸并不多，但在遭咬食之后，叶中的单宁酸大量增加。单宁酸和舞毒蛾体内的蛋白质结合后，会使得舞毒蛾难以消化橡树叶；而吃了含有大量单宁酸的橡树叶，舞毒蛾就会变得食欲不振、行动呆滞，结果不是病死，就是被鸟类吃掉。

就这样，橡树通过自身特殊的"生化武器"，打了一场漂亮的"反击战"，敌人被尽数歼灭，而自己却几乎毫发无损。

相较于昆虫的"尖牙利齿"以及自由行动来说，没有爪牙，甚至无法行动的植物面对昆虫和植物的欺凌，似乎只有挨打受气的份儿。真是这样吗？

不一定！橡树的绝地反击就是一个很好的例证。

植物还有哪些"秘密武器"

在长期的进化过程中，植物形成了种种防御动物、进行绝地反击的"秘密武器"，"生化武器"就是其中一种。许多植物在遇到伤害时，体内会合成一些化学物质如生物碱、葡萄糖苷、树脂类物质和有机酸等，这些"生化武器"轻者可以使侵犯它们的动物中毒或断子绝孙，重者可以将动物置于死地。

当然，橡树不是植物中的唯一英雄，美国阿拉斯加的原始森林里的植物也发动过一场绝地反击的"自卫战"。当时，大量野兔威胁着阿拉斯加森林，大片森林濒于毁灭。正当人们不知如何是好时，野兔却突然集体生病，最终在森林中消失了。原来，被野兔咬过的树木叶芽中含有一种叫"萜烯"的化学物质，野兔吃了就会生病死亡。

这样聪明的植物还有很多。除虫菊的花朵中含有 0.6%～1.3% 的除虫菊素。除虫菊素又称除虫菊酯，是一种无色、黏稠的油状液体，当蚊虫接触之后，就会神经麻痹，中毒而死；夹竹桃和马利筋的汁液中含有强心苷，昆虫吃了它们后会因肌肉松弛而丧命；短叶紫杉、百日青等植物能产生蜕皮激素等物质，昆虫食用后会发育异常，过早蜕皮或无法发育成熟而繁殖下一代……

是不是为植物的聪明折服了？它们可真是深藏不露，不容小觑啊！

除虫菊的花朵中含的除虫菊素

除虫菊

啊！我中毒了，你们好毒啊……

哼，别以为我们不能动就好欺负！

我怎么不能动了？

被毒死的蚊子

神经麻痹的蚊子

啊——

猪笼草

——香香甜甜
的美丽猎手

猪笼草的捕虫笼

一只饥肠辘辘的小虫子为了觅食正四处乱撞，它突然闻到了一股诱人的花蜜般的香气，于是迫不及待地飞了过去，这才发现那股香味是从一个漏斗状"瓶子"中散发出来的。小虫子停留在瓶口，小酌了一口蜜液。它又往前蹭了一下，瓶里的蜜液似乎更多呢。谁料一不小心，它脚下一打滑，掉进了瓶子里。瓶子里居然还有半瓶液体，小虫子无法挣脱，最终一命呜呼。

说起来这只小虫子也真是够倒霉的，它经历了身为动物最伤自尊的事——被一株植物取了小命！

猪笼草

被抓住的虫子

热带地区的食虫植物

什么样的植物如此厉害，竟然轻易地就取了虫子的小命呢？

原来，杀死虫子的植物叫作猪笼草，属于热带食虫植物。猪笼草常常生长在贫瘠的土壤里和岩石下，或附生于其他植物体上，平卧生长，开绿色或紫色小花。

猪笼草拥有一个独特的吸取营养的器官——捕虫笼。捕虫笼是叶子末端长出的像瓶子一样的笼形囊袋，呈圆筒形，袋口向上，下半部稍膨大，笼口有个盖子。捕虫笼"挂"在植株上，形状很像猪笼——这也是猪笼草名字的由来。

猪笼草未成熟时的捕虫笼呈青绿色，笼口紧闭，胀鼓鼓的，用力挤压笼体，笼盖也不会张开。成熟的猪笼草笼体颜色鲜艳，以红绿色为主，配有褐色或红色的斑点和条纹，笼口是张开的，多数呈绿色或红色，并分布着许许多多芳香的蜜腺，能分泌出蜜液，引诱昆虫上当。经常有蝴蝶、蚂蚁、苍蝇、黄蜂、蜜蜂闻香而来，不小心掉入"陷阱"，自此有进无出，猪笼草也就可以饱餐一顿了。

猪笼草是怎样抓虫子的

　　猪笼草的捕虫笼构造比较特殊，内壁光滑，中部到底部的内壁上约有100万个消化腺，能分泌大量无色透明、稍带香味的酸性消化液，其中含有能使昆虫麻痹、中毒的毒芹碱以及蛋白酶。这种蛋白酶能将昆虫体内的蛋白质水解，分解成液体状的氮化物，可供植物直接吸收，以弥补猪笼草氮素营养的不足。昆虫的躯壳由甲壳质组成，猪笼草无法分解吸收，因此我们看到瓶体内的昆虫，表

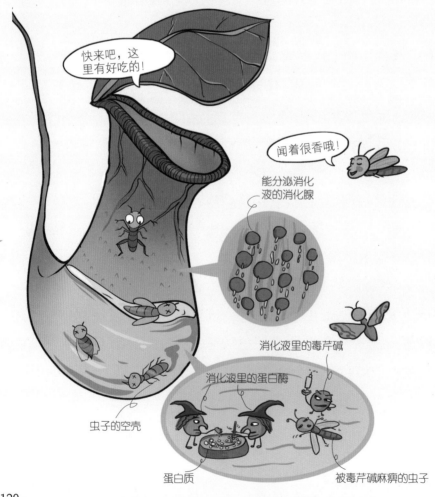

快来吧，这里有好吃的！

闻着很香哦！

能分泌消化液的消化腺

消化液里的毒芹碱

消化液里的蛋白酶

虫子的空壳

蛋白质

被毒芹碱麻痹的虫子

面上看大都完好无损，其实体内的蛋白质都被猪笼草吸收了，只剩下一个个空壳而已。

由于捕虫笼内壁的上部很光滑，因此小猎物掉进瓶中，外逃的机会都很小，只能做猪笼草的美味佳肴。这样，猎物在瓶中被慢慢地分解，有营养价值的物质，就会被笼壁吸收。

不要以为猪笼草的取食行为都是守株待兔，除了能分泌蜜汁引诱小动物外，有的猪笼草捕虫笼上缘还能发出荧光图案，吸引飞行的昆虫自投罗网呢！

能调节浓度的消化液

如果人的手指碰到猪笼草的消化液会怎么样呢？难道会像虫子一样被消化掉吗？啊！想想都觉得可怕。

其实，你不用那么紧张，虽然猪笼草的消化液能够消化虫子，但是对人来说并没有太大的威胁，它并不具有太强的酸性。如果一定要进行比较的话，其酸性大概跟碳酸饮料的酸性差不多，所以，你不必担心自己的手指会化掉。

如果遇到暴雨，雨水大量进入猪笼草的捕虫笼里会怎么样呢？消化液会不会因此而变稀，变得无法消化捕捉到的虫子？答案是否定的，因为猪笼草可以自行调节消化液的浓度。

眼镜蛇草
——柔弱的身体里别有天地

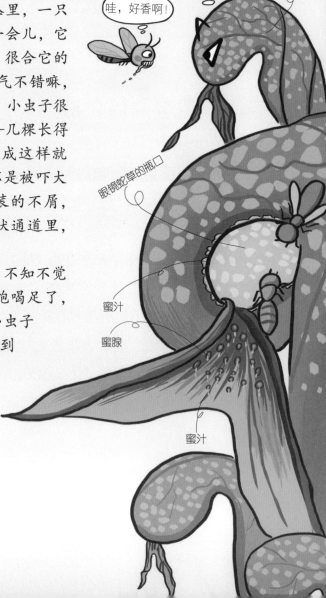

眼镜蛇草

嘿嘿，来吧！

哇，好香啊！

眼镜蛇草的瓶口

蜜汁

蜜腺

蜜汁

美国西北部地区的草丛里，一只小虫子正在寻找食物。不一会儿，它就闻到了一股香甜的味道，很合它的胃口。"嘿嘿，看来今天运气不错嘛，一会儿可得美美地吃一顿。"小虫子很快便找到了香味的来源——几棵长得酷似眼镜蛇的草。"嘿，长成这样就以为能吓唬住我了？我可不是被吓大的！"小虫子带着看破伪装的不屑，钻进了其中一株植物的瓶状通道里，大口地吮吸着香甜的蜜汁。

小虫子只顾着吃东西，不知不觉就到了圆筒的底部，等吃饱喝足了，才发现自己已经迷路了。小虫子费了九牛二虎之力也没能找到出口。这时，它一个不当心，顺着光滑的瓶壁掉了下去。瓶底居然是个"小水潭"，小虫子奋力挣扎，但不久就没了力气，一命呜呼了。

不仅像蛇，还爱吃虫

你知道吗？这株夺命草叫作眼镜蛇草。可怜的小虫子要是早知道它不仅长得吓人、名字吓人，还是个真正的"职业杀手"，可能就不会马虎大意，赔上性命了。

眼镜蛇草主要分布在美国加利福尼亚州北部和俄勒冈州南部的山地沼泽中，是一种十分珍贵的植物。它看起来像挺起上身的眼镜蛇，因此得名。

与猪笼草等一样，眼镜蛇草也是靠瓶状捕虫叶捕食小虫的食虫植物。但在捕虫叶的构造和诱捕小虫的具体招数上，眼镜蛇草又独辟蹊径，令人称奇。

眼镜蛇草的瓶状捕虫叶生长在根状茎上，一般高出地面40～80厘米。它外表呈黄绿色并镶有红色的脉纹，非常艳丽。在眼镜蛇草形似兜帽的瓶子顶部见不到敞开的瓶口，只有许多看起来像小天窗一样的透明斑块。在"兜帽"的下面，瓶状叶呈叶片状延伸，并分成左右两片，犹如眼镜蛇吐出的"信子"。

透明斑块

偶像来了！

眼镜蛇

嗯，模仿得不错，就是眼神还差点儿。

诱饵往往都是甜蜜的

眼镜蛇草是怎样引诱猎物的呢？

眼镜蛇草的"蛇信"上分布有许多蜜腺，而且越靠近"蛇头"，蜜汁越丰富。

眼镜蛇草是利用分布在那些怪怪的"曲颈瓶"内部的花蜜腺来吸引猎物的。当小虫受到蜜汁和香味的诱惑，爬到"蛇信"上后，再往前进就到了"蛇头"下蜜腺最多的口部。在这里，叶子卷成了圆筒，小虫沿着圆筒的通道不断深入，最终被诱进了瓶内。此时，馋嘴的小虫如同进入了迷宫，想出去可不那么容易了。在瓶子顶部众多"天窗"的迷惑下，它已难以找到真正的出口。

吃不到蜜汁又出不去的小虫在"蛇头"里乱撞，稍不注意就到了颈部区域，此时只有死路一条了。因为囊袋内覆着一层蜡状物质，小

迷惑虫子的"天窗"

迷路的苍蝇

内壁上的倒毛

这些毛就是阻止我们逃出去的，我已经没有力气了！

液池

虫稍一动弹就会打滑。小虫们扑腾到精疲力竭以后，终究会跌入"曲颈瓶"的底部，被眼镜蛇草分泌的消化液吞噬。

虫子的噩梦，鸟儿的美餐

在眼镜蛇草瓶状叶颈部光滑的内壁上，既有蜡质区，又有倒毛。到了这一区域，小虫想爬出去已不可能，只能乖乖地向下滑，接着便是布满了倒毛的瓶子中部，再向下就是瓶底的液池。掉进液池里的小虫，就像《西游记》中被装入玉净瓶的人，用不了多久就会化成肉汤。

一般来说，每株眼镜蛇草都有几个至十几个瓶状叶，看上去好像一群高低错落的挺起上身的眼镜蛇。它们看似凶猛，但常常会遭到大一些的动物的摧残，有些鸟类甚至会啄破它的瓶状叶，取食其中未被完全分解的小虫尸体，或是喝上几口美味的"肉汤"。

一只水蚤正在水里觅食，它发现了一束像绿色头发一样的水藻在水中漂着，绿油油的看上去十分诱人。"也许它的味道很不错呢！"水蚤游到了那团水藻旁边，发现那如细丝般的枝条上，有一个小小的口袋，而且旁边居然有甜液分泌出来。水蚤很好奇，继续往前凑了凑，想一探究竟。就在这时，那个类似口袋的东西居然鼓了起来，水蚤随着水流进入了那个口袋。可怜的水蚤还没弄明白这到底是怎么回事，便命丧黄泉了。

狸藻
——长在水里的
食虫植物

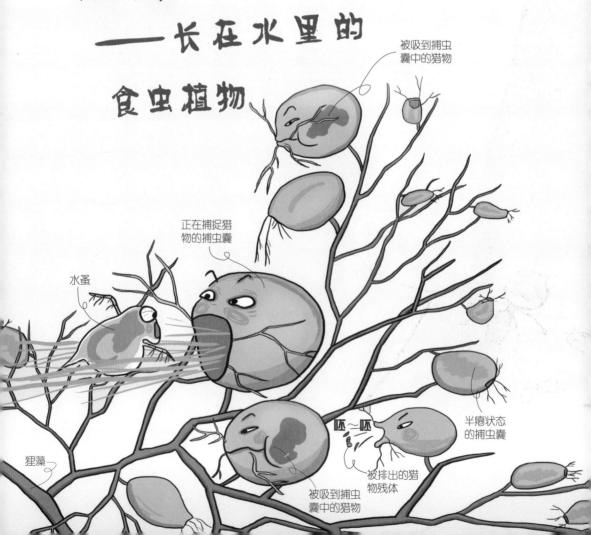

被吸到捕虫
囊中的猎物

正在捕捉猎
物的捕虫囊

水蚤

半瘪状态
的捕虫囊

被排出的猎
物残体

狸藻

被吸到捕虫
囊中的猎物

会抓虫的"绿头发"

其实，吞掉水蚤的那株植物就是大名鼎鼎的水生食虫植物——狸藻。狸藻是双子叶植物，是狸藻属中最具代表性的水草。

狸藻的一生都在水中度过，身体呈翠绿或黄绿色。它几乎没有根，茎也很纤细，全身叶片裂成一条条细丝状，好像许多乱七八糟的绿色头发。夏天，它会从茎上抽出一根花梗，露出水面，在花梗头上开放出几朵蝴蝶似的黄紫色小花。叶边上长着许多由叶片进化而来的捕虫囊，那是它们专门捕虫的工具。一株狸藻最多可长有1200多个捕虫囊。

狸藻的捕虫囊多数呈扁球形半透明状，直径0.25～10毫米。捕虫囊开口周围长有触角，用以吸引小生物，并有一定的导向作用，将猎物引导到捕虫囊口。捕虫囊的构造十分有趣，在囊口有一个能够向内开启的活瓣，囊口边缘长有几根刺毛，这些刺毛可随水漂动，旁边还有一些小管子，能分泌出甜液。狸藻就是依靠这些捕虫囊来捕捉水中的小生物的。

狸藻是怎样捕虫的

　　植物学家对狸藻的捕食本领进行了仔细的观察和研究，并揭开了其中的奥秘。原来，操纵陷阱机关的是它的绿色刺毛。平时，狸藻的捕虫囊呈半瘪状，当水中的孑孓、水蚤、小虾等小生物被引诱来吃甜液时，就会触动刺毛，刺毛将信号传递到活瓣和囊，捕虫囊就迅速鼓胀到正常大小，囊口的活瓣也随之打开，小生物便随水流进入囊里，整个过程所需时间还不到1秒。

　　进入囊中的小生物触动囊内壁时，囊的活瓣立即关闭，并且反推不开，小生物便成了囊中之物。然后捕虫囊内壁上的星状腺体开始分泌消化液，将猎物消化吸收。等到所捕获的小生物被消化吸收完后，捕虫囊的活瓣重新打开，将囊中的水和猎物残体一同排出。此时，捕虫囊恢复半瘪状态，等待小生物再次自投罗网。

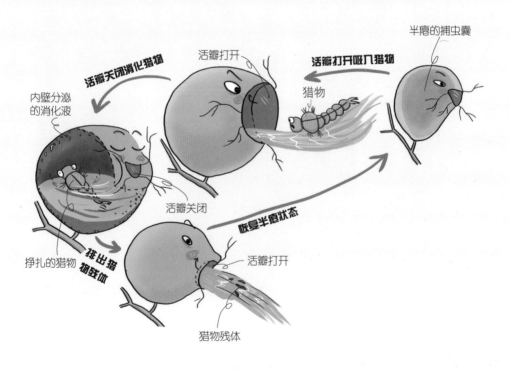

家族庞大的捕虫植物

在食虫植物中，狸藻属是最大的一个属，目前已知的就有180多种。狸藻一般生活在水流缓慢的淡水池沼中，为一年生或多年生草本植物，是陷阱式主动捕捉型食虫植物。

狸藻在世界各地均有分布，在我国主要分布于长江和黄河流域各省。狸藻的家族中，又分为黄花狸藻和蜜花狸藻等。

虽然大多数狸藻是水生植物，但也有少数是陆生的。在南美洲森林里的朽枝落叶上，生长着一种陆生狸藻。它的样子很古怪，中部膨大，看上去活像个土豆，这是它贮藏食物的地方。有趣的是，它的叶片和叶柄是绿色的，而从膨大处长出的一些茎却是无色的。在无色茎上都带有小囊体，这些小囊体即是这种狸藻的"捕虫器"，能够捕捉周围肉眼看不见的小生物。

此外，还有一些陆生狸藻长在苔藓上。不过它们可不是寄生植物哦，苔藓只是为它们提供了一个栖息的场所，它们所需的营养物质并不是从苔藓那里攫取的，而是自己捕食悬浮在空气中的小生物。

随着不断地进化发展，如今，食虫已经成为狸藻生活中不可或缺的一环了。科学家研究发现，只有在消化昆虫取得养料后，狸藻才能开花结果。

黄花狸藻

只有吃了虫子，我们才能开花结果。

1.西番莲为了对付纯蛱蝶，想出了很多招数，其中不包括_____。

① 改变叶片形状　　　　　② 制造假卵

③ 请蚂蚁帮忙　　　　　　④ 分泌毒液

2.可恶的螟虫正在肆无忌惮地啃噬玉米的叶子，如果不阻止它们的话，它们将会把玉米啃得只剩下光秃秃的茎和叶脉。玉米会怎么对付这帮坏蛋呢？

① 抛弃那些受损的叶子——那些上面有可恶的螟虫的叶子。

② 长出超厚的叶子，这些叶子非常非常厚，以至于螟虫无法啃咬。

③ 排出一种气体，那是一种发给马蜂的求救信号。

④ 无能为力，只能眼睁睁地看着螟虫为非作歹。

3.许多植物在遇到害虫及其他动物伤害时，体内会合成一些"生化武器"来保护自己，_____不具有这样的特性。

① 夹竹桃　　　　　　　　② 除虫菊

③ 短叶紫杉　　　　　　　④ 荨麻

4.下面有关仙人掌的说法，不正确的是_____。

① 仙人掌虽然有各种各样的形状，但是它们不会开花。

② 原始的仙人掌是有叶子的，它们原来生长在不是很干旱的地方。

③ 仙人掌是通过茎来进行光合作用的，因而它们的茎是绿色的。

④ 仙人掌的根系十分庞大，通常它们的根只扎在地表下一点点，但是分布很广。

5.能够捕食讨厌的苍蝇和蚊子等昆虫的植物，我们叫它们_____。

① 食虫植物　　　　　　② 归化植物

③ 土生植物　　　　　　④ 净化环境植物

6.下列有关猪笼草的说法，不正确的是_____。

① 猪笼草的消化液尽管能够消化掉昆虫，但是对于人类来说并没有太大的威胁。

② 猪笼草捕食昆虫是为了从其中获取足够的养分。

③ 猪笼草能够散发出苍蝇喜欢的气味。

④ 猪笼草能够完全将昆虫消化干净。

7._____像变色龙一样将自己伪装成石头的模样，长期潜伏在碎石堆与沙砾之间，主要是为了避免被食草动物吃掉。

① 生石花　　　　　　② 仙人掌

③ 时钟花　　　　　　④ 卷柏